物 理（五年制）

上 册

邱勇进　主编

宋瑞娟　冷泰启　蔚海涛　王　卫　副主编

化学工业出版社

·北京·

图书在版编目（CIP）数据

物理：五年制.上册/邱勇进主编. —北京：化学工业出版社，2017.9（2021.9重印）
ISBN 978-7-122-30376-9

Ⅰ.①物… Ⅱ.①邱… Ⅲ.①物理学-高等职业教育-教材 Ⅳ.①O4

中国版本图书馆CIP数据核字（2017）第186923号

责任编辑：高墨荣
责任校对：宋 玮　　　　　　　　　　装帧设计：刘丽华

出版发行：化学工业出版社（北京市东城区青年湖南街13号　邮政编码100011）
印　　装：北京科印技术咨询服务有限公司数码印刷分部
787mm×1092mm　1/16　印张8¾　字数181千字　2021年9月北京第1版第3次印刷

购书咨询：010-64518888　　　售后服务：010-64518899
网　　址：http://www.cip.com.cn

凡购买本书，如有缺损质量问题，本社销售中心负责调换。

定　价：28.00元　　　　　　　　　　　　　　　　　　　　　　版权所有　违者必究

前言

本书是根据教育部颁布的《高职高专教育物理课程教学基本要求》,在"以应用为目的,以必需够用为度"的原则指导下,在高职高专物理教学内容和课程体系改革的实践基础上,总结了教学实践中的改革成果和经验,为适应高职实施的"模块化教学"的需要而编写的。

本套教材分为上、下两册。上册包括力学和热学知识,内容包括:物体相互作用、匀变速直线运动、牛顿运动定律、功和能、曲线运动。下册以电磁学知识为主,内容包括:静电场、恒定电流、磁场、电磁感应、交流电、安全用电,电子仪器的使用。书中有观察实验、物理万花筒、问题与练习,章后有小结、课后达标检测。全套教材主线突出,阐述清楚,难度适中。

本书在教学内容上尽力做到深入浅出,通俗易懂,突出运用。选配的习题简单,针对性强,数量安排合理,便于学生自学。课后适当地安排了"物理万花筒"等阅读材料,反映一些物理知识在高新技术、生产及日常生活中的应用,拓展学生的知识面,提高学生对学习物理课程的兴趣,培养学生的创新精神和创新能力。

教材编写力求体现以下三个特点。

(1) 知识新。反映当前的新知识、新技术、新工艺、新方法,以及生产、建设、管理、服务第一线对职业教育提出的要求。

(2) 定位准。适用于当前经济和社会发展的五年一贯制高职的基础课教材。

(3) 方式活。既考虑到大多数学校的教学,又适当兼顾了部分有特殊要求的专业要求。

学时分配建议如下:

序号	教学内容	学时数
1	第1章 相互作用	16
2	第2章 匀变速直线运动	16
3	第3章 牛顿运动定律	14
4	第4章 功和能	16
5	第5章 曲线运动	14
	合 计	76

本书由邱勇进主编,参加本书编写的还有王卫、韩文翀、宋瑞娟、冷泰启、蔚海涛、刘志国、宋兆霞、王大伟。编者对关心本书出版、热心提出建议和提供资料的单位和个人在此一并表示衷心的感谢。

本套教材适用于五年制高职生使用,也可作为多学时的中等职业学校、职业高级中学的物理教材。

本书配套了电子课件,读者如果需要请发电子邮件至 qiuyj669@163.com 联系索取相应资料。

由于水平所限,不妥之处在所难免,敬请广大读者批评指正。

编者

第1章 相互作用 ... 1

1.1 力 ... 1
1.2 重力 ... 4
1.3 弹力 ... 10
1.4 摩擦力 ... 12
1.5 力的合成 ... 16
1.6 力的分解 ... 19
1.7 物体的受力分析 ... 22
1.8 共点力作用下物体的平衡 ... 26
1.9 力矩和力矩的平衡 ... 28
本章小结 ... 30
课后达标检测 ... 32

第2章 匀变速直线运动 ... 35

2.1 运动的描述 ... 35
2.2 匀速直线运动 ... 38
2.3 变速直线运动 ... 40
2.4 匀变速直线运动 ... 42
2.5 匀变速直线运动的规律 ... 44
2.6 自由落体运动 ... 47
本章小结 ... 49
课后达标检测 ... 50

第3章 牛顿运动定律 ... 53

3.1 牛顿第一定律 ... 53
3.2 牛顿第二定律 ... 58
3.3 牛顿第三定律 ... 61

 3.4 牛顿运动定律的应用 ………………………………………………………… 63

 3.5 牛顿运动定律的适用范围 ……………………………………………………… 67

 3.6 狭义相对论简介 ………………………………………………………………… 68

 本章小结 …………………………………………………………………………… 71

 课后达标检测 ……………………………………………………………………… 72

第4章 功和能 …………………………………………………………………………… 74

 4.1 功和功率 ………………………………………………………………………… 74

 4.2 动能和动能定理 ………………………………………………………………… 79

 4.3 势能 ……………………………………………………………………………… 83

 4.4 机械能守恒定律 ………………………………………………………………… 86

 4.5 能量转化和守恒定律 …………………………………………………………… 91

 本章小结 …………………………………………………………………………… 94

 课后达标检测 ……………………………………………………………………… 95

第5章 曲线运动 ………………………………………………………………………… 98

 5.1 曲线运动 ………………………………………………………………………… 98

 5.2 平抛运动 ……………………………………………………………………… 100

 5.3 匀速圆周运动 ………………………………………………………………… 103

 5.4 向心力和向心加速度 ………………………………………………………… 106

 5.5 万有引力定律 ………………………………………………………………… 110

 本章小结 ………………………………………………………………………… 114

 课后达标检测 …………………………………………………………………… 115

实验实训 …………………………………………………………………………………… 116

 实验一 用弹簧测力计测量力 ……………………………………………………… 116

 实验二 探究重力的大小与质量的关系 …………………………………………… 117

 实验三 探究影响滑动摩擦力大小的因素 ………………………………………… 119

综合测试 …………………………………………………………………………………… 121

参考文献 …………………………………………………………………………………… 132

第 1 章

相互作用

自然界的物体不是孤立存在的,它们之间具有多种多样的相互作用。正是由于这些相互作用,物体在形状、运动状态以及其他肉眼不能察觉的许多方面发生变化。在物理学中,物体间的这些相互作用抽象为一个概念:力。

自然界中最基本的相互作用是引力相互作用、电磁相互作用、强相互作用和弱相互作用。常见的重力是万有引力在地球表面附近的表现,常见的弹力、摩擦力是由电磁力引起的。

本章研究这几种常见力的特点和规律。

1.1 力

(1) 力是物体间的相互作用

用手提水桶、拉弹簧,人就对水桶、弹簧施加了力,同时,人也感到水桶、弹簧对手施加了力;机车牵引列车前进,机车对列车施加了力,同时,列车对机车也施加了力。所有实例都表明,力是物体间的相互作用。

一个物体受到力的作用,一定有另一个物体施加这种作用,前者是受力物体,后者是施力物体。力不能脱离物体而存在,有时为了方便,只说物体受到了力,而没有指明施力物体,但施力物体一定存在。

不接触的物体间也有可能有力的作用,比如相互靠近的两磁极间就有力的作用。

（2）力的作用效果

人坐在沙发上，人对沙发施加了力，沙发产生凹变；用力压或拉弹簧时，弹簧缩短或伸长。像沙发、弹簧那样，物体的形状或体积发生改变的现象叫形变。由此可见，力是物体产生形变的原因。任何物体在力的作用下都能发生形变，有的形变明显，有的形变极其微小。微小形变可以通过"放大"观察得到。

马用力拉车，车由静止运动起来；运动员用力踢一静止的足球，足球飞了出去；汽车刹车后，由于受到阻力慢慢停了下来。这说明力也是改变物体运动状态的原因。

总之，力的作用效果是使物体产生形变或改变物体的运动状态，如图 1-1 和图 1-2 所示。

图 1-1　力使物体发生形变

图 1-2　力改变物体的运动状态

（3）力的三要素

力的作用效果与哪些因素有关呢？我们用手拉弹簧，改变力的大小，力越大，弹簧伸得越长。在排球运动中，二传手用力向上托球，球就向上运动，主攻手用力向下扣球，就改变运动方向，急速下落。力的作用效果，不仅与力的大小、方向有关，而且与力作用在物体上的位置即力的作用点有关。比如用扳手拧螺母（如图 1-3 所示）的时候，手握在把的末端 A 位置比握在把的中间 B 位置，易于把螺母拧紧。我们把力的大小、方向、作用点称作力的三要素。

力的大小可以用测力计来测量，测力计如图 1-4 所示。在国际单位制中，力的单位是牛顿，简称牛，符号是 N。

图 1-3　力的作用点

图 1-4　测力计

（4）力的示意图

力的作用效果与力的大小、方向和作用点有关，因此，要完全表达一个力，除指明力的大小外,还应指明力的方向和作用点。力可以用一根带有箭头的有向线段直观表示出来。线段的长度表示力的大小,箭头的指向表示力的方向,箭头或箭尾表示力的作用点。这种表示力的方法称为力的示意图。如:手竖直向上托一本书 $F=5\text{N}$ 和用与水平方向成 30°角斜向上的力拉木箱 $F=10\text{N}$,其示意图分别如图 1-5 所示。

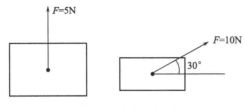

图 1-5 力的示意图

 物理万花筒

用手抓住飞行的子弹

飞行员用手抓住了飞行的子弹,好像匪夷所思,但从相对运动的角度去理解,就不会觉得这是天方夜谭。

这个故事可能你已经听说过。据报载,第一次大战期间,一个法国飞行员碰到了一很不寻常的事件。这个飞行员驾驶飞机在 2000 米高空飞行的时候,发现脸旁有一个小玩意儿在游动着,飞行员以为这是一只小昆虫,敏捷地把它一把抓了过来,令他大吃一惊的是,他发现抓到的竟是一颗德国子弹。

很多人以为这个故事是编造的,子弹速度那么快,怎么可能是真的呢?学习了运动的相对性,相信你会明白的。

一颗子弹刚射出枪膛时以每秒 800~900 米的速度飞行的,但并不是始终以这个速度飞行。由于空气的阻力,这个速度逐渐降低下来,而在它的路线终点(跌落前)的速度只有每秒 40 米,这个速度普通飞机就可以达到。因此,很可能碰到这种情形,飞机跟子弹的运动方向和速度大小都相同。那么,这颗子弹相对于飞行员来说,是静止不动的,或者是略微有些移动,那么把它抓住自然没有丝毫困难了——特别是当飞行员戴着手套的时候,因为穿过空气的子弹跟空气摩擦的结果会产生近 100℃ 的高温。

在生活中,也有类似的事情。比如你和你的同学各骑一辆自行车去学校,假设你骑得飞快(只是假设,为了安全,你不应该这样),你想把手里的苹果递给你的同学,而你又不想停下来,怎么办才行?简单呀!让你的同学与你骑车的方向相同,还有运动的快慢也基本相同。此时你可以把手里的东西给他,他也可把东西方便地传给你。在两列火车向着同一方向、以相同速度并排行驶时,尽管速度很快,但旅客从车窗看对面的火车却觉得好像停在那里一样。所以,只要两个物体运动的方向、速度的大小相同,彼此之间的距离就会保持不变。一个物体对另一个物体来说,都是相对静止。

问题与练习

1. 力的三要素是_____、_____和_____。

2. 运动员用网球拍击球时,球和网拍都变了形。这表明两点:一是力可以使物体的_____发生改变,二是力的作用是_____的。此外,网拍击球的结果,使球的运动方向和速度大小都发生了变化,表明力还可使物体的_____发生改变。

3. 小明在探究力的作用效果时,完成了如下实验,请帮他把实验结果填在空格中。

(1) 小明首先将小钢球放在光滑的水平面上,当磁体靠近小钢球时,看见小钢球向磁体运动;然后让小钢球在光滑的水平面上做直线运动,当在与运动方向垂直的位置放一块磁铁时,小钢球运动的方向发生了变化。从上面两个实验,你总结出的结论是力能_____。

(2) 小明用双手拉一根橡皮筋,看见橡皮筋在力的作用下变长了,说明力能_____。

4. 下列物理量的单位中,属力的单位的是( )。
A. 千克　　　B. 米　　　C. 摄氏度　　　D. 牛顿

5. 不会影响力的作用效果的是( )。
A. 力的作用点　B. 力的方向　C. 力的大小　D. 力的单位

6. 以下是我们生活中可见到的几种现象:①用力揉面团,面团形状发生变化;②篮球撞击在篮板上被弹回;③用力握小皮球,球变瘪了;④一阵风把地面上的灰尘吹得漫天飞舞。在这些现象中,物体因为受力而改变运动状态的是( )。
A. ①②　　　B. ②③　　　C. ③④　　　D. ②④

7. 下列的现象中,物体的运动状态不发生改变的是( )。
A. 自行车匀速转弯　　　　B. 汽车在水平公路上加速运动
C. "天宫一号"绕着地球运动　D. 人站在超市的自动扶梯上做匀速直线运动

8. 在水平地面上有一辆小车,甲同学水平向左推,用6N的推力;乙同学向左上方与水平成30°角的拉力拉车,力的大小是9N。请做出这两个力的示意图。

1.2 重力

在日常生活和生产实践中,人们常常提及推力、拉力、支持力、压力等,这是根据力的作用效果命名的力。在物理学中，根据力的性质，在力学范围内，将力分为三类：**重力、弹力、摩擦力**。

(1) 重力

自然界的各种物体之间存在着多种相互作用。例如，空中的物体落向地面，是因为地球与物体之间存在着相互吸引的作用。尽管地球不停地自转，但海水不会洒向太空，也是因为地球与海水之间存在着相互吸引的作用。

地面附近一切物体都受到地球的吸引（见图 1-6），由于地球的吸引而使物体受到的力叫做重力。初中时我们就已知道，物体受到的重力 G 与物体质量 m 的关系，即

$$G = mg$$

式中，g 在地球表面附近一般取 9.8N/kg。

图 1-6 重力使物体下落

重力不但有大小，而且有方向。平时所说的"竖直向下的方向"，指的就是重力的方向。

一个物体的各部分都受到重力的作用，从效果上看，我们可以认为各部分受到的重力作用集中于一点，这一点叫做物体的重心。

质量均匀分布、形状规则的物体，其重心就在它的几何中心上。例如，均匀细直棒的重心在棒的中点，均匀球体的重心在球心，均匀圆柱的重心在轴线的中点，如图 1-7 所示。

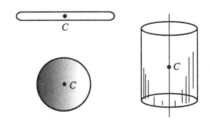

图 1-7 规则形状物体的重心

质量分布不均匀的物体，重心的位置除了跟物体的形状有关外，还跟物体内质量的分布有关。载重汽车的重心随着装载多少和装载位置而变化，如图 1-8 所示。起重机的重心随着提升物的质量和高度而变化。

图 1-8　不均匀物体重心的位置

观察实验

确定薄板的重心

薄板重心的位置可以通过两次悬挂来确定。

先在 A 点把物体悬挂起来,通过 A 点画一条竖直线 AB,然后再选另一处 D 点把物体悬挂起来,同样通过 D 点画一条竖直线 DE,AB 和 DE 的交点 C,就是薄板的重心,如图 1-9 所示。

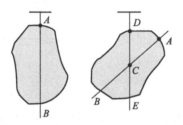

图 1-9　确定薄板的重心

请你证明用这种办法确定重心的合理性。

（2）四种基本相互作用

从 17 世纪下半叶起,人们发现,相互吸引的作用存在于一切物体之间,直到宇宙的深处,只是相互作用的强度随距离增大而减弱。在物理学中,我们称它为**万有引力**（gravitation）。正是万有引力把行星和恒星聚在一起,组成太阳系、银河系和其他星系。如图 1-10 所示。

引力是自然界的一种基本相互作用,地面物体所受的重力只是引力在地球表面附近的一种表现。

电荷之间同样存在相互作用:同种电荷互相排斥,异种电荷互相吸引。类似地,两个磁体之间也存在相互作用:同名磁极互相排斥,异名磁极互相吸引。19 世纪后,人们逐渐认识到,电荷间的相互作用,磁体间的相互作用,本质上是同一种相互作用的不同表现,这种相互作用称为电磁相互作用或电磁力。它也是自然界的一

图 1-10　万有引力使众多恒星聚在一起形成星团

种基本相互作用。

20世纪，物理学家发现原子核是由若干带正电荷的质子和不带电的中子组成的，而带正电的质子之间存在斥力，这种斥力比它们之间的万有引力大得多，似乎质子与质子团聚在一起是不可能的。于是他们认识到，一定有一种未知的强大的相互作用存在，使得原子核紧密地保持在一起。这种作用称做强相互作用。与万有引力和电磁力不同，距离增大时，强相互作用急剧减小，它的作用范围只有约 10^{-15} m，即原子核的大小，超过这个界限，这种相互作用实际上已经不存在了。

19世纪末、20世纪初，物理学家发现，有些原子核能够自发地放出射线，这种现象称为放射现象。后来发现，在放射现象中起作用的还有另一种基本相互作用，称为弱相互作用。弱相互作用的作用范围也很小，与强相互作用相同，但强度只有强相互作用的 10^{-12} 倍。

四种基本相互作用的特点已被科学所认识，但是没有人确切知道为什么会是这样的四种。许多物理学家认为它们可能是某种相互作用在不同条件下的不同表现，就像电和磁是电磁相互作用的不同表现形式一样。为此，人们做了很多研究工作，但至今没有公认的结论。可能这正如牛顿所说，"真理的大海"依然在我们面前，但却尚未发现。

物理万花筒

宇宙飞船里的超失重现象

一、"失重"与"超重"

地球周围物体都受到重力的作用，这是由于地球对物体的吸引而造成的。如果物体在空中只受重力的作用，则物体在重力作用下会做自由落体运动——竖直地，愈来愈快地落向地面。

在用弹簧测力计称物重时，物体挂在弹簧测力计上，对支持它使之不下落的弹簧测力计有一个力的作用，弹簧伸长了。由于这个力的大小与重力相等，所以我们读出的弹簧测力计的示数就等于物体重力的大小。

但是，如果你放了手，弹簧测力计和物体在重力作用下都自由下落，这时物体对弹簧测力计不再有力的作用，弹簧测力计指针会回到零。我们看起来物体就没有重力了。

如果用手提着挂有物体的弹簧测力计使之急剧加速上升，那么弹簧测力计的示数就会增加，大于物体的重力。我们看起来好像物体的重力变大了。

可见弹簧测力计的示数并不总是等于物体真正受到的重力。弹簧测力计的示数即物体对弹簧测力计或支持物的作用力称作"视重"。"视重"的大小与物体的运动状态密切相关。当"视重"小于物体的重力时，称为"失重"。当"视重"大于物体重力时，称为"超重"。

同学们可以这样试一试：用手托起一块较重的砖，静止时手上感到的压力大小与砖相等。当你突然下蹲，使砖急剧加速下降，会感到砖比静止时轻得多；或者猛抬手，使砖加速上升，会感到砖比静止时重得多。这就是上面讲的"失重"与"超重"现象。不过你要明白这仅仅是你手的感觉而已，物体由于地球的吸引受到的重力并没变。

二、宇宙飞船里的超重和失重现象

宇宙飞船在发射升空、在轨运行、着落返回时，宇航员都会有强烈的超重、失重感受。发射升空过程中需要获得向上的巨大加速度，飞行员会受到十几倍于自身的压力而处于超重的状态。没有接受过严格训练的人会两眼发黑，动弹不得，甚至失去知觉，这是因为人体里的血液不能正常循环。着陆返回时，会有强烈的失重感受。宇宙飞船在轨运行期间，来自于地球的万有引力全部用来提供绕地球运行所需的向心力，此时飞行器内物体处于完全失重状态，轻轻一碰就会"飞"起来。

三、宇航员的生活趣事

（1）吃饭

宇航员在宇宙飞船中进食不大方便，吃饭的动作要缓慢而仔细，稍不留神，食物就会飘飞起来，还得用手或勺子把它们"捕捉"回来。科学家认为，零重力可能导致脑充血进而影响味觉，故此宇航员吃饭跟我们患感冒后吃东西没味道的情形相似，所以宇宙飞船的厨房里总会备有各种香辣刺激的食品供宇航员选用。在失重环境里，宇航员只能用吸管喝饮料，因为即使把杯子倒转，饮料也不会流进嘴里的！

（2）睡觉

宇航员在太空中睡的都是"糊涂觉"。其表现一是黑白不分，二是睡姿奇特。黑白不分，是说宇航员在天上绕地球航行，而太空里的日出日落由航天飞机绕地球一圈的时间而定，故此，24小时内日出日落会多次交替出现，宇航员只好机械地按钟点而安排工作和睡觉。睡姿奇特，是说宇航员在失重环境中分不清上下左右，找不到"躺"的感觉，所以宇宙飞船上没有床，而宇航员可以在太空舱的任何地方、以任何姿势睡觉。在失重环境里睡觉，最奇怪的现象之一就是人睡着了，两臂却会自己摆动。因此，多数宇航员睡觉时都会钻进布袋，拉上拉链，将自己固定在舱壁上，这样既能保暖，睡着时又不会飘走。

（3）梳洗

我们看似简单的洗脸、刷牙、刮胡子、理发以及洗澡，到了太空就成了麻烦事。在失重的情况下，水不会流动，所以宇航员刷牙时，虽然能够像在家里一样也用牙刷、牙膏，但是由于没有去水的渠道和水槽，只能把泡沫吐在卫生纸上。宇航员用普通剃刀剃完胡子后，都只能用纸巾把水和泡沫擦净。在太空洗澡更令人伤脑筋，美国科学家改良了太空浴室，将宇宙飞船的浴室变作一个浴罩，罩内被施以0.8个大气压，浴罩下部装有抽风机，宇航员洗澡时打开淋浴龙头和抽风机，上面洒水，下面抽水，这样便有身处地球一样的沐浴效果。不过，由于太空舱里的储水有限，洗澡又需要很多水，所以宇航员平时只能用浸透浴液的海绵擦擦身体。

问题与练习

1.关于重力，下列说法正确的是（ ）。
A.只有与地面接触的物体才受到重力的作用
B.重力是由于地球的吸引而使物体受到的力
C.重力的方向总是垂直向下的
D.苹果下落过程中速度越来越快是由于苹果受到的重力越来越大的缘故

2.如果没有重力，下列说法中不正确的是（ ）。
A.河水不再流动，再也看不见大瀑布
B.人一跳起来就离开地面，再也回不来
C.杯里的水将倒不进口里
D.物体将失去质量

3.图1-11为刘洋在"天宫一号"中在同伴的帮助下骑自行车进行锻炼的情形，为了在完全失重的太空舱进行体育锻炼，下列做法可取的是（ ）。

图1-11 题3图

A.举哑铃   B.在跑步机上跑步
C.用弹簧拉力器健身   D.引体向上

4.关于重力，下列说法中错误的是（ ）
A.重力是由于地球对物体吸引而产生的
B.重力是物体本身的固有属性
C.重力的大小跟物体的质量成正比
D.重力的方向总是竖直向下

5.图1-12所示的重力示意图中，正确的是（ ）。

A   B   C   D

图1-12 题5图

6. 一个质量为40kg的学生,在地面上时,对地球的吸引力大小约为_____N。

7. 画出图1-13所示斜面上小球所受重力的示意图。

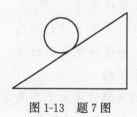

图1-13 题7图

1.3 弹力

日常观察到的相互作用,无论是推、拉、提、举,还是牵引列车、锻打工件、击球、弯弓射箭等,都是在物体与物体接触时发生的,这种相互作用可以称为接触力。我们通常所说的拉力、压力、支持力等都是接触力。接触力按其性质可以归纳为弹力和摩擦力,它们在本质上都是由电磁力引起的。

(1) 弹性形变和弹力

物体在力的作用下形状或体积会发生改变,这种变化叫做形变。有时物体的形变很小,不易观察。

有些物体在形变后撤去作用力时能够恢复原状,这种形变叫做**弹性形变**。如果形变过大,超过一定的限度,撤去作用力后物体不能完全恢复原来的形状,这个限度叫做**弹性限度**。

发生形变的物体,由于要恢复原状,对与它接触的物体会产生力的作用,这种力叫做**弹力**。这时物体内部各部分之间也有力的作用,这种力也是弹力。

拉满的弓放手后,弓要恢复原状,对箭施加力的作用,使箭离弦而去;运动员撑杆跳高时,撑杆要恢复原状,从而对运动员施加了力,将运动员弹起,如图1-14所示。

图1-14 撑杆跳高

(2) 几种弹力

放在水平桌面上的书与桌面相互挤压,书和桌面都发生微小的形变。由于书的形变,它对桌面产生向下的弹力,这就是书对桌面的压力。由于桌面的形变,它对书产生向上的弹力,这就是桌面对书的支持力。

既然弹力是形变物体由于要恢复原状而产生的，所以弹力的方向指向物体恢复原状的方向。支持力或压力的方向总是垂直于接触面，指向被支持或被压的物体；绳的拉力方向总是沿着绳收缩的方向。如图 1-15 所示，N 表示桌面对书的弹力（支持力），N' 表示书对桌面的弹力（压力）。如图 1-16 所示 F、F_1、F_2 表示绳对灯的弹力（拉力）。

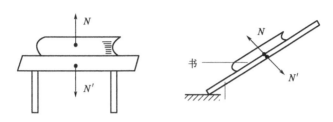

图 1-15　压力和支持力

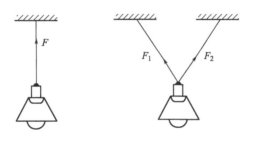

图 1-16　绳的拉力

(3) 胡克定律

弹力的大小跟形变的大小有关系，形变越大，弹力也越大；形变消失，弹力随着消失。

弹力与形变的定量关系，一般来讲比较复杂。而弹簧的弹力与弹簧的伸长量（或压缩量）的关系则比较简单。英国物理学家胡克研究发现：在弹性限度内，弹簧的弹力 F 的大小与弹簧的伸缩量 x 成正比。（如图 1-17 所示）即

$$F = kx$$

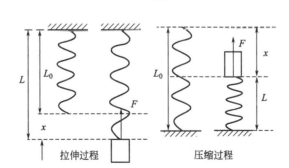

图 1-17　弹簧的拉伸和压缩

这个结论称为胡克定律。式中 k 称为弹簧的**劲度系数**，单位是**牛顿每米**，符号为 N/m。其大小由弹簧的材料、形状、粗细等因素决定。生活中所说的有的弹簧"硬"，有的弹簧"软"，指的就是它们的劲度系数不同。

问题与练习

1. 关于弹力，下列说法正确的是（　　）。
A. 放在桌面上的物体对桌面的压力就是物体的重力
B. 压力和支持力总是跟接触面垂直
C. 物体对桌面的压力是桌面发生微小形变而产生的
D. 相互接触的物体之间必定有弹力

2. 图 1-18 所示的各力中，不属于弹力性质的力是（　　）。

图 1-18　题 2 图

A. 运动员对杠铃的力　　　　B. 推土机对泥土的力
C. 月亮对地球的力　　　　　D. 大象对跷跷板的力

3. 一根弹簧的原长是 15cm，竖直悬挂上重量为 6N 的物体时变为 18cm，求这根弹簧的劲度系数。

4. 画出图 1-19 中静止在水平桌面上的物体 A 所受支持力的示意图。

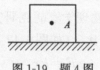

图 1-19　题 4 图

1.4　摩擦力

摩擦是一种常见的现象。同学们在初中已经知道，两个相互接触的物体，当它们发生相对运动或具有相对运动的趋势时，就会在接触面上产生阻碍相对运动或相对运动趋势的力，这种力叫做摩擦力。例如，人走路、骑自行车、写字都离不开摩擦；汽车行驶和刹车、传送带传送货物也离不开摩擦的帮助。

(1) 静摩擦力

如图 1-20 所示,用不大的水平力推放置在地面上的箱子而没推动,此时,尽管箱子静止,但有向右的运动趋势。箱子除受到推力外,还受到一个与推力大小相等、方向相反即水平向左的摩擦力。显然,箱子受到的摩擦力阻碍相对运动趋势。

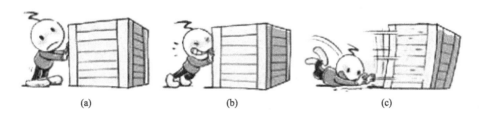

图 1-20 有没有摩擦力?

两个相互接触的物体之间,当沿接触面有相对运动趋势时产生的一种阻碍物体相对运动趋势的力称为**静摩擦力**。静摩擦力的方向总是沿着接触面,并且跟物体相对运动趋势的方向相反。

静摩擦力的大小随外力的增大而增大。在上面图中,当人逐渐增大推力。箱子保持静止时,静摩擦力也随之增大;当推力增大到一定数值时,箱子开始滑动,静摩擦力达最大值。静摩擦力的最大值叫做**最大静摩擦力**。最大静摩擦力略大于滑动摩擦力,可近似看做相等。

(2) 滑动摩擦力

如图 1-21 所示,小孩沿滑梯滑下,受到摩擦力;滑板、雪橇在冰地上运动,受到摩擦力。像这样一个物体沿另一个物体表面滑动时,在接触面上所产生的阻碍物体相对运动的力称为**滑动摩擦力**。

图 1-21 滑动摩擦力

滑动摩擦力的方向总跟接触面相切,与物体的相对运动方向相反。滑雪运动员在运动时,滑板受到的摩擦力方向与其相对地面的运动方向相反。

实验表明:滑动摩擦力的大小跟两物体的正压力的大小成正比。即

$$f = \mu N$$

式中 μ 称为动摩擦系数,其大小不仅与相互接触的两个物体的材料有关,还与接触面的粗糙程度有关。表 1-1 列出几种材料间的动摩擦系数。

表 1-1　几种材料间的动摩擦系数

材料	动摩擦系数	材料	动摩擦系数
钢-钢	0.25	钢-冰	0.02
木-木	0.30	木头-冰	0.03
木-金属	0.20	橡胶轮胎-路面（干）	0.71
皮革-铸铁	0.28		

(3) 摩擦的利与弊

摩擦在日常生活和生产实践中既有有利的一面，也有有害的一面。人们在实践中总结出许多增大或减小摩擦的经验和方法。

例如，汽车行驶是靠摩擦的帮助而运动。如图 1-22 所示，为增大摩擦，车胎的表面一般做成凸凹不平的花纹；冬天在结冰的公路上撒一些煤渣或盐粒等；体操、举重运动员比赛时手上常擦一些镁粉防止打滑。

图 1-22　增大摩擦

另一方面，摩擦往往与磨损有关。机器运转，由于摩擦使机器发热和磨损零件，降低机器精度和功能，缩短其使用寿命。有时摩擦还会带来噪声危害。为减小摩擦的影响，通常可采用润滑剂或采用滚动摩擦代替滑动摩擦等方法。

 物理万花筒

体育运动中"镁粉"的物理作用

在双杠、举重、吊环等一些体育比赛中（见图 1-23），运动员在正式比赛前都会很认真地在双手和器材上涂抹上一层白色的粉末，这是在做什么？

通常，运动员在比赛时，手掌心常会冒汗，这对运动员来说非常不利。因为湿滑的掌心会使摩擦力减小，使得运动员握不住器械，不仅影响动作的质量，严重时还会使运动员从器械上跌落下来，造成失误，甚至受伤。

为此，运动员要涂擦一种俗称"镁粉"的专用防滑粉，其成分为碳酸镁（$MgCO_3$），无毒、无味，在空气中稳定，运动员使用是安全可靠的。

碳酸镁被研磨的很细，质量很轻，具有很强的吸湿作用。它能吸去掌心汗水，同时还会增加掌心与器械之间的摩擦系数，摩擦系数越大，静摩擦力也变大了，这

图 1-23 涂抹粉末

样，安全系数就提高了。运动员就能握紧器械，使持握器材时手感更有力，有利于提高动作的质量。

如果不使用"镁粉"之类的防滑剂，运动员很难在单杠、吊环、双杠上完成大摆动类型的高难度动作，由此可知运动员上器械前认真地涂擦"镁粉"的重要性了。

问题与练习

1. 摩擦力的方向总是与_____方向或_____方向相反。

2. 手压着桌面滑动，会感到有阻力阻碍手的移动，而且手对桌面的压力越大，就会感到阻力越大，为什么？

3. 手握竖直放置的瓶子，使瓶不至于下落，是否手握的越紧，瓶受到的摩擦力越大？为什么？

4. 马拉雪橇在水平冰面上匀速前进，雪橇和货物总重 $6×10^4$ N，滑板与冰面的动摩擦系数为 0.02，问马拉雪橇的水平拉力是多少？

5. 水平桌面上，有一重 6N 的木块，如果用绳拉木块匀速前进，水平拉力是 2.4N，求木块与水平桌面间的摩擦系数。

6. 某物体重 200N，放置在水平地面上，它与地面间的滑动摩擦系数是 0.38，它与地面间的最大静摩擦力是 80N，求：

① 分别用 20N、40N、70N 的水平拉力拉物体，问是哪种摩擦力？各为多大？

② 至少用多大的水平推力才能把物体推动？此时是何种摩擦力？

③ 物体运动起来后，若保持匀速直线运动，应在水平方向加多大的力？

④ 物体在运动过程中，若把水平拉力增大为 80N，地面对物体的摩擦力为哪种摩擦力？大小为多大？

1.5 力的合成

(1) 合力和分力

生活中我们常常见到这样的事例。如图 1-24 所示，提水桶既可一人提起，也可两人一起来提；灯可用两种不同方式悬吊，如图 1-25 所示。显然，拉力 F_1 和 F_2 的共同作用与拉力 F 单独作用时效果相同。

图 1-24　人提水桶　　　　　　　　　图 1-25　悬吊的灯

如果一个力的作用效果和几个力的作用效果相同，这个力就叫做那几个力的合力，而那几个力就叫这个力的分力。图中，F 是 F_1 和 F_2 的合力，F_1、F_2 称为 F 的分力。

(2) 共点力的合成

所谓共点力指的是几个力作用在物体的一点或它们的作用线相交于一点。像上图中的 F_1 和 F_2 是共点力。求几个共点力的合力叫做共点力的合成。共点力的合成遵循一定的原则。

如图 1-26 所示，通过两个实验对比会发现什么现象？

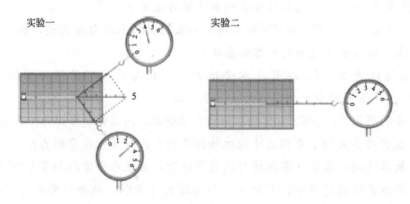

图 1-26　实验验证

实验表明：两个互成角度的共点力的合力可以用表示这两个力的线段为邻边作平行四边形，两邻边所夹的对角线表示出来。这就是力的合成的平行四边形定则。

实验进一步表明：两个互成角度的共点力的合力不仅与两个分力的大小有关，而且与其夹角有关。表 1-2 列出合力与分力之间的关系。

表 1-2　合力与分力之间的关系

图示	θ	F
F_1　F_2　F	$\theta=0°$	$F=F_1+F_2$
（45°平行四边形）	$0°<\theta<90°$	$\sqrt{F_1^2+F_2^2}<F<F_1+F_2$
（90°矩形）	$\theta=90°$	$F=\sqrt{F_1^2+F_2^2}$
（135°平行四边形）	$90°<\theta<180°$	$\|F_1-F_2\|<F<\sqrt{F_1^2+F_2^2}$
F_2←　F　→F_1 (180°)	$\theta=180°$	$F=\|F_1-F_2\|$

由表中看出，两个共点力在同一直线上方向相同时，合力最大；两力方向相反时，合力最小。两个共点力的合力并非一定大于分力。

求两个以上共点力的合力时，也可利用平行四边形定则。先求出任意两个力的合力，再求出该合力与第三个力的合力，依次类推，直至求出所有力的合力。如图 1-27 是三个共点力的合成。

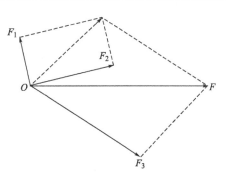

图 1-27　三个共点力的合力

(3) 矢量、标量

在物理学中，物理量分为两类，像力那样，不仅有大小，而且有方向，遵循平行四边形定则，这类物理量称为矢量。如以后要学习的位移、速度、加速度等都是矢量。此外，还有一类物理量，只有大小，没有方向，遵循代数运算法则，这类物理量称为标量。如质量、时间、长度等。

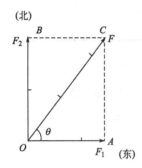

图 1-28 力的合成示意图

[例 1-1] 两个人拉一辆车，一人用 45N 的力向东拉，另一人用 60N 的力向北拉，求这两个力的合力。

已知：$F_1=45$N，$F_2=60$N，$\theta=90°$

求：F

解：由题意知，作图如图 1-28 这两个力间的夹角为 90°，作平行四边形，并画出表示合力 F 的对角线。

由直角三角形得

$$F_{合}=\sqrt{F_1^2+F_2^2}=75(\text{N})$$

问题与练习

1. 关于两个大小不变的共点力 F_1、F_2 与其合力 F 的关系，下列说法中正确的是（　　）。

A. 分力与合力同时作用在物体上

B. 分力同时作用于物体时产生的效果与合力单独作用于物体时产生的效果相同

C. F 的大小随 F_1、F_2 间夹角的增大而增大

D. F 的大小随 F_1、F_2 间夹角的增大而减小

E. F 的大小一定大于 F_1、F_2 中的最大者

F. F 的大小不能小于 F_1、F_2 中的最小者

2. 已知 $F_1=2$N，$F_2=10$N，①它们的合力有可能等于 5N、8N、10N、15N 吗？②合力的最大值是多少？最小值是多少？合力的大小范围是多少？

3. 两个共点力，大小都是 50N，如果要使这两个力的合力也是 50N，这两个力之间的夹角应为（　　）。

A. 30°　　　　B. 60°　　　　C. 120°　　　　D. 150°

4. 下列哪组力的合力可能为 3N（　　）。

A. 3N；8N　　B. 10N；12N　　C. 40N；20N　　D. 10N；5N

5. 一个气球除受重力 $G=3N$ 外，它还受到风的水平推力 $F_1=12N$ 和空气浮力 $F_2=8N$。如图 1-29 所示，求气球所受的合力 F。

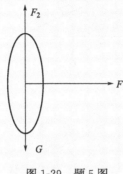

图 1-29　题 5 图

1.6　力的分解

(1) 力的分解

作用在物体上的一个力往往产生几个效果。如图 1-30 所示，物体从斜面上滑下，物体受到的重力产生两个效果：使物体沿斜面下滑和使物体压紧斜面。因此，重力可以用下滑力 G_1 和使物体压紧斜面的力 G_2 代替，其效果相同。像这样求一个已知力的几个分力叫**力的分解**。

力的分解是力的合成的逆运算，同样遵循平行四边形定则。只要以表示已知力的线段为对角线作平行四边形，两邻边表示的就是已知力的两个分力。若不加任何条件限制，由同一条对角线可作出无数个平行四边形，也就是说，同一个力可以分解成无数对大小、方向不同的分力。如图 1-31 所示。

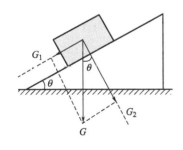

图 1-30　重力的分解

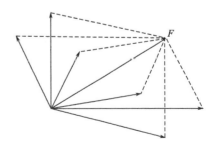

图 1-31　力的分解

要将一个已知力分解成唯一的一对分力，必须具备以下条件之一：知道两个分力的方向或者一个分力的大小和方向。在实际问题中，由力的作用效果可先判定出二分力的方向，然后再进行力的分解。图 1-32 是各种情况下重力 G 及拉力 F 按实际效果的分解图。

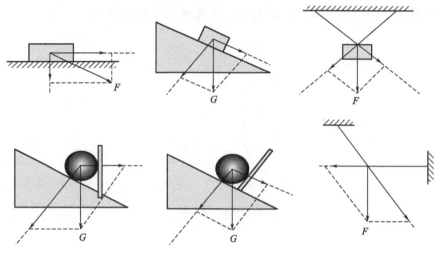

图 1-32　力按实际效果分解

[**例 1-2**]　如图 1-33 所示，拖拉机拉着耙耕地。若已知拖拉机对耙的拉力大小为 1000N，方向与地面成 30°角，求该拉力的两个分力。

分析：拖拉机对耙的拉力产生两种效果：使耙克服泥土阻力前进，同时使耙上提。将力 F 沿水平方向和竖直方向分解即得。

图 1-33　拖拉机拉耙耕地

解：根据平行四边形定则，做示意图表示出拉力 F 及两个分力 F_1 和 F_2。解直角三角形得：

$$F_1 = F\cos\varphi = 1000 \times \frac{\sqrt{3}}{2} = 500\sqrt{3} = 866 (\text{N})$$

$$F_2 = F\sin\varphi = 1000 \times \frac{1}{2} = 500 (\text{N})$$

方向如图所示。

(2) 力的正交分解

将一个已知力沿两个互相垂直的方向上进行分解叫力的正交分解。力的正交分解是一种很重要的分解方法。如图 1-34 所示，

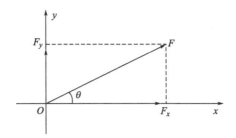

图 1-34　力的正交分解

将力 F 在 x 方向和 y 方向上分解得：

$$\begin{cases} F_x = F\cos\theta \\ F_y = F\sin\theta \end{cases}$$

通过力的合成和分解的学习，我们知道几个已知力可以用一个合力代替，一个已知力也可以用几个分力代替。合力和其分力作用效果相同，二者等效。等效法是物理中既重要又有用的分析方法。

问题与练习

1. 将一个力 F 分解为两个力 F_1 和 F_2，那么下列说法中错误的是（　　）。

A. F 是物体实际受到的力

B. F_1 和 F_2 不是物体实际受到的力

C. 物体同时受到 F_1、F_2 和 F 三个力作用

D. F_1 和 F_2 共同作用的效果与 F 相同

2. 关于力的分解下列说法正确的是（　　）。

A. 分力总是小于合力

B. 将力进行正交分解时，分力总是小于合力

C. 将 10N 的力进行分解，可能得到 50N 的分力

D. 将 10N 的力进行分解，不可能得到 1N 的分力

3. 如图 1-35 所示，某人用力 F 斜向上拉物体，请分析力 F 产生的效果。

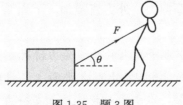

图 1-35　题 3 图

4. 三段不可伸长的细绳 OA、OB、OC 能承受的最大拉力相同,它们共同悬挂一个重物,如图 1-36 所示,其中细绳 OB 是水平的,细绳的 A 端、B 端均固定,若逐渐增加 C 端所挂物体的质量,则最先断的绳子(　　)。

A. 必定是 OA

B. 必定是 OB

C. 必定是 OC

D. 可能是 OB,也可能是 OC

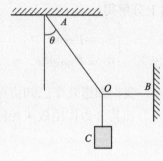

图 1-36　题 4 图

5. 在图 1-36 中,若物体重 10N,AO 绳与竖直方向的夹角 θ 为 30°,BO 绳水平,求 AO 绳、BO 绳分别受到的拉力大小。

1.7　物体的受力分析

物体往往不只受一个力的作用,物体的运动状态与其受力密切相关。正确分析物体受力情况是解决力学问题的前提和关键。受力分析不但在研究物体平衡时非常重要,而且也是整个力学的基础知识。

分析物体的受力通常采用**隔离体法**。即将研究对象从周围的物体分隔开来,只分析其受到的力,不考虑它施加给周围物体的力。具体的分析方法是:首先,明确和隔离研究对象,分析重力。地面及其附近的物体都受重力且方向总是竖直向下。其次,找接触物体,分析弹力。弹力发生在相互接触且形变的物体之间。再次,分析研究对象与接触物体之间是否有相对运动或相对运动趋势,分析摩擦力。最后,画出受力示意图。总之,要按顺序分析受力,口诀为:**一重二弹三摩擦,如有外力直接加。重力一定有,弹力看四周,分析摩擦力,外力直接加。**下面结合具体实例说明如何进行受力分析。

[例 1-3]　分析图 1-37 在水平面上的物体受力情况。

分析与解答　图(a)中,物体静止在水平面上。将物体隔离,受重力 G,方向竖直向下;物体与水平面接触,水平面对物体施加支持力 N,方向竖直向上。

图(b)中,物体向右匀速运动。将物体隔离,受重力 G,方向竖直向下;物体

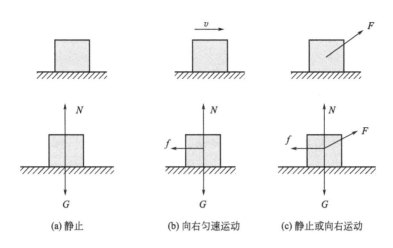

(a) 静止　　(b) 向右匀速运动　　(c) 静止或向右运动

图 1-37　物体的受力图

与水平面接触，水平面对物体施加支持力 N，方向竖直向上；物体与水平面有相对滑动，受滑动摩擦力 f，方向与相对滑动的方向相反，即水平向左；应注意此时物体不受向右的拉力。

图（c）中，物体静止或向右运动。将物体隔离，受重力 G，方向竖直向下；物体与水平面接触，水平面对物体施加支持力 N，方向竖直向上；物体与水平面有相对运动或相对运动趋势，受摩擦力 f，方向水平向左；最后加上外力即拉力 F。

[**例 1-4**]　分析图 1-38 在斜面上的物体受力情况。

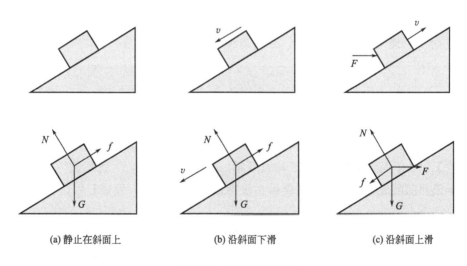

(a) 静止在斜面上　　(b) 沿斜面下滑　　(c) 沿斜面上滑

图 1-38　物体的受力图

分析与解答　图（a）中，物体静止在斜面上，受重力 G，方向竖直向下；物体与斜面接触，斜面对物体施加支持力 N，方向垂直于斜面向上；物体相对于斜面有沿斜面下滑的趋势，所以物体还受到斜面施加的静摩擦力 f，方向沿斜面向上。

图（b）中，物体沿斜面下滑，受重力 G，方向竖直向下；物体与斜面接触，斜面对物体施加支持力 N，方向垂直于斜面向上；物体相对于斜面下滑，受到滑动摩擦力 f，方向沿斜面向上。值得注意的是物体在重力的作用下下滑，并不受所谓的下滑力。

图（c）中，物体沿斜面上滑，受重力 G，方向竖直向下；物体与斜面接触，斜面对物体施加支持力 N，方向垂直于斜面向上；物体相对于斜面上滑，受到滑动摩擦力 f，方向沿斜面向下；最后加上外力 F，方向水平向右。

[**例 1-5**] 连接体问题。如图 1-39 所示，分别分析物体 A、B 的受力。

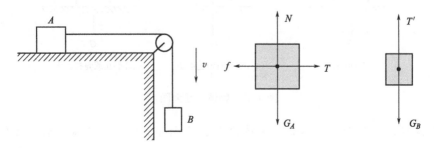

图 1-39　连接体问题的受力分析

分析与解答　物体 A 与物体 B 通过轻绳连接在一起，当物体 B 下落时，A 物体随之向右运动，像这样相互连接的一个整体称为连接体。对于连接体问题，通常采用隔离体法进行受力分析。分别选择物体 A 与物体 B 为研究对象，分别进行受力分析，对于物体 A，受到四个力的作用：重力 G_A，方向竖直向下；桌面施加的支持力 N，方向竖直向上；绳对 A 的拉力 T，方向水平向右；物体 A 相对桌面向右滑动，所以物体 A 还受到水平向左的滑动摩擦力 f。对于物体 B，受到两个力的作用：重力 G_B，方向竖直向下；绳对 B 的拉力 T'，方向沿绳向上。

 物理万花筒

中国古代对力和运动的认识

在我国古代著作中，对于力和运动问题，已有一定的认识。远在春秋时期成书的《考工记》就有这样的记载："马力既竭，輈犹能一取也。"就是说，马已停止用力，车还能向前走一段距离。这里虽然没得出惯性的概念，但是已经注意到了惯性现象。

在《墨经》里，还给力下了一个明确的定义。在《经上》第 21 条里说："力，行之所以奋也"。这里的"行"就是"物体"，"奋"字在古籍中的意思是多方面的，像由静到动、动而愈速、由下上升等都可以用"奋"字。经文的意思是说，力是使物体由静而动、动而愈速或由下而上的原因。在《经说》里又说："力，重之谓。"这说明物重，是力的一种表现。从这条经文来看，的确可以说我们的祖先在二千多年以前，已经对力和运动之间的关系，开始了正确的观察和研究。

东汉王充所著《论衡》一书《状留篇》中有这样一段话："且圆物投之于地，东西南北无之不可，策杖叩动，才微辄停。方物集地，一投而止，及其移徙，须人动举。"就是说，圆球投到地上，它的运动方向，或东或西或南或北是不一定的，但是不论向哪个方向运动，只要用手杖加上一个微小的力量，就会停止运动；方的物体投在地上就会静止，必须人用力才能使它发生位移。这里说明了力是物体运动变化的原因，也说明了物体的平衡和它的基底的关系。王充还提出："车行于陆，船行于沟，其满而重者行迟，空而轻者行疾。"这段话说明了在一定的外力作用下，质量越大的物体运动状态的改变就越困难。

问题与练习

1. 分析图 1-40 中物体的受力，画出受力示意图。

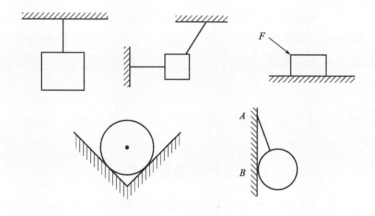

图 1-40 题 1 图

2. 画出图 1-41 中 A、B 两物体各自的受力图。

3. 如图 1-42 所示，木块静止在斜面上，分别分析木块和斜面的受力情况。

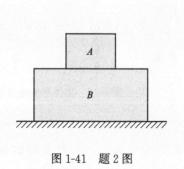

图 1-41 题 2 图

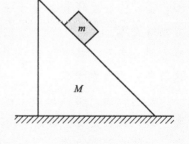

图 1-42 题 3 图

1.8 共点力作用下物体的平衡

(1) 物体的平衡

在初中物理中，我们已经学过二力平衡，物体若受到大小相等，方向相反，作用在同一条直线上两个力，物体就处于静止或匀速直线运动状态，如图1-43所示。像这样物体保持静止或匀速直线运动状态称为物体的**平衡状态**。物体的平衡在日常生活和工程技术中有着广泛的应用。如鳞次栉比的高楼大厦、雄伟壮观的斜拉桥、高耸入云的铁塔等都处于平衡状态。

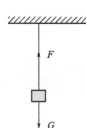

图1-43 二力平衡

(2) 物体的平衡条件

物体在什么条件下才处于平衡状态？首先我们来分析二力平衡的简单情况。用力的合成研究二力平衡，显然，物体处于二力平衡状态时，其所受的合力为零即 $F_合 = 0$。那么，物体受多个共点力作用时处于平衡状态，情况又怎样？

观察实验

物体平衡条件研究

如图1-44所示，在同一平面内，用三把弹簧秤同时拉一物体，使物体保持静止状态。记下三个弹簧秤的示数。作出每个力的示意图，然后利用平行四边形定则求出它们的合力，分析一下，看你会得出什么样的结论？改变三把弹簧秤施力大小和方向，使物体仍处于静止状态，重复实验。通过实验和作图，你会发现物体处于平衡状态下，其所受的合力始终为零。

实验表明：在三个共点力作用下，物体处于平衡状态，这三个力的合力为零。

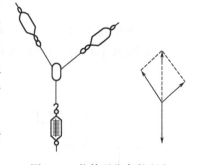

图1-44 物体平衡条件研究

进一步可以推出，物体在三个以上共点力作用下处于平衡状态，其合力也为零。

总之，物体在共点力作用下处于静止或匀速直线运动状态，其所受到的合力一定为零，这就是物体的平衡条件。即 $F_合=0$ 时，物体在共点力作用下保持静止或匀速直线运动。

(3) 平衡条件的应用

共点力作用下物体的平衡在生产实践中有着广泛的应用。下面举例分析如下。

[**例 1-6**] 如图 1-45 所示，停靠在岸边的小船，用缆绳拴住。若流水对它的冲击力 $F_1=400\text{N}$，垂直于河岸吹来的风对它的作用力 $F_2=300\text{N}$，船处于平衡状态。求缆绳对小船的拉力。

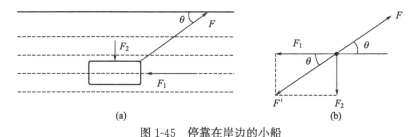

图 1-45　停靠在岸边的小船

分析：选取小船为研究对象，其在水平面内受三个力：流水冲力 F_1、风对船的力 F_2 和缆绳对船的拉力 F。小船处于平衡状态，三力的合力为零。利用平行四边形定则，根据平衡条件不难求出结果。

解：取小船为研究对象，受力情况如图 1-45(b) 所示
由共点力平衡条件知 F 与 F_1、F_2 的合力 F' 大小相等、方向相反。
由勾股定理得

$$F=F'=\sqrt{F_1^2+F_2^2}=\sqrt{400^2+300^2}=500(\text{N})$$

其方向用与河岸的夹角 θ 来表示

$$\tan\theta=\frac{F_2}{F_1}=\frac{300}{400}=0.75$$

查反正切函数表得 $\theta\approx 37°$

缆绳对船的拉力大小为 500N，方向与河岸的夹角为 37°。

由上述例子看出，应用共点力平衡条件分析问题的步骤是：
① 明确研究对象；
② 分析研究对象的受力情况，画出受力图；
③ 根据平衡条件列方程；
④ 解方程或解方程组解结果。

问题与练习

1. 如图 1-46 所示，一个重为 G 的圆球，被一段细绳挂在竖直光滑墙上，绳与竖直墙的夹角为 α，则绳子的拉力和墙壁对球的弹力各是多少？

2.如图1-47所示,物体在四个力的作用下保持平衡,若撤去一个力 F_1,而保持其余三个力不变,则这三个力的合力大小和方向是怎样的?

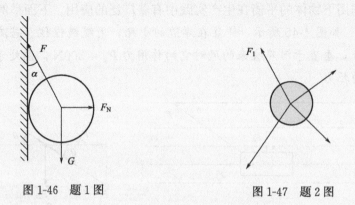

图1-46 题1图　　　　　图1-47 题2图

3.如图1-48所示,放在水平地面上的木箱质量是60kg,一人用大小为200N,方向与水平方向成30°向上的力拉木箱,木箱沿地面做匀速运动,求木箱受到的摩擦阻力和支持力。

4.如图1-49所示,重量为 G 的均匀球处于静止状态,求斜面对球的支持力和挡板给球的作用力。

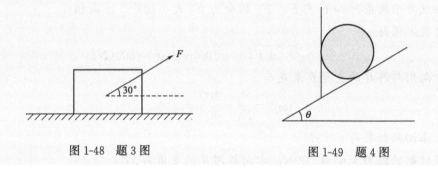

图1-48 题3图　　　　　图1-49 题4图

1.9　力矩和力矩的平衡

在日常生活中,像开、关门的运动,吊扇扇叶的旋转,钟表表针的运动以及机器飞轮的旋转等这类运动有一个共同的特点,它们都绕一个固定的轴转动。因此,我们将这类转动称做**定轴转动**。一个有固定转轴的物体在力的作用下,如果保持静止或匀速转动,我们就称这个物体处于**转动平衡状态**。

(1) 力矩

生活经验告诉我们,力产生的转动效果不仅跟力的大小有关,而且与转轴到力的作用线的垂直距离即力臂有关,如图1-50所示杠杆。要撬起石头,必须在杠杆的另一边施加力,在杠杆的不同位置沿不同方向施力,所需力的大小不同。若在杠杆的顶点 A 处沿垂直于杆的方向施力,最省力,此时,支点到力的作用线的垂直距离最大即力臂最长;若沿杠杆的方向上施加最大的力,也不能将石头撬起。再如用扳手拧螺母,由于轴到力的作用线的垂直距离大,用较小的力就可以将螺母拧紧或卸下。

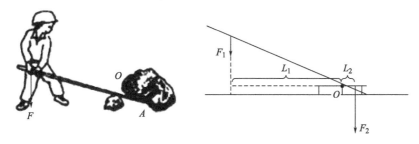

图 1-50 杠杆

在物理学中,将力和力臂的乘积叫做力矩。通常用符号 M 表示。即

$$M = FL$$

物体受到力矩的作用,其转速大小或转动方向就要发生变化。力矩越大,转动状态改变越明显。不同的力矩,可能使物体转动方向不同。通常规定:在定轴转动中,使物体沿逆时针方向转动的力矩取正值,使物体沿顺时针方向转动的力矩取负值。也就是说,力矩不仅有大小,而且有正、负之分。

在国际单位制中,力矩的单位是牛顿米,用符号 N·m 表示。

(2) 力矩的平衡

在初中物理中,我们已经学习过杠杆平衡,其平衡条件是:动力×动力臂=阻力×阻力臂。即

$$F_1 r_1 = F_2 r_2$$

运用力矩的概念分析,就是使杠杆顺时针方向转动的力矩等于使杠杆逆时针方向转动的力矩。也就是说,杠杆平衡时,杠杆所受到的力矩代数和为零即合力矩等于零。

观察实验

力矩盘

如图 1-51 所示的力矩盘,在 F_1、F_2、F_3 三个力的力矩作用下,处于平衡状态。测量出三个力的力臂 L_1、L_2、L_3,分别计算出使盘向顺时针转动的力矩 $M_1 = F_1 L_1$、$M_2 = F_2 L_2$,使盘向逆时针转动的力矩 $M_3 = F_3 L_3$。改变力的大小、方向和作用点,但仍然保持力矩盘平衡状态,重复上述实验,考察实验结果,总结规律。

实验表明:有固定转轴的物体在多个力矩作用下处于平衡状态,总是有使物体顺

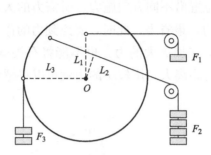

图 1-51 力矩平衡条件研究

时针方向转动的力矩之和等于使物体逆时针方向转动的力矩之和。也就是有固定转轴的物体处于平衡状态时,其所受到的力矩的代数和为零。这就是定轴转动的物体的平衡条件。

即:$M_1+M_2+M_3+\cdots=0$ 或 $M_合=0$

作用在物体上几个力的合力矩为零的情形又叫做**力矩的平衡**。

(3) 力矩平衡的应用

力矩的平衡在生产实践和科学技术中有着广泛的应用。

[**例 1-7**] 如图 1-52 所示,一根均匀直棒 OA 可绕轴 O 转动,用水平力 $F=10\text{N}$ 作用在棒的 A 端时,直棒静止在与竖直方向成 30°角的位置。直棒有多重?

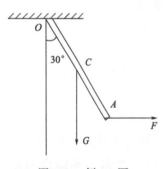

图 1-52 例 1-7 图

解:如图所示,使直棒发生转动的力矩有两个,一个是水平力 F 对轴 O 的力矩 M_1,另一个是直棒所受重力 G 对轴 O 的力矩 M_2,M_1 是使直棒向逆时针方向转动的正力矩,M_2 是使直棒向顺时针方向转动的负力矩,均匀直棒的重心在直棒的中点 C。

$$M_1=Fl\cos30°$$

$$M_2=-G\frac{l}{2}\sin30°$$

由力矩的平衡条件 $M_合=0$ 有

$$M_1+M_2=Fl\cos30°-G\frac{l}{2}\sin30°=0$$

$$G=\frac{2F\cos30°}{\sin30°}=34.6 \text{ (N)}$$

所以直棒重 34.6N。

本章小结

一、知识要点

1. 力

力是物体之间的相互作用。（可以不接触：电场力、磁场力、万有引力、重力等，但不能脱离物体而存在）

力的作用效果是使物体发生形变或改变物体的运动状态。力的作用效果与力的大小、方向、作用点三要素有关；力是矢量。

2.重力、弹力、摩擦力

按力的性质在机械运动范围力有三类：重力、弹力、摩擦力。

力的种类	大小		方向	作用点
重力	$G=mg$		竖直向下	分布在物体上,可等效集中在重心上
弹力	$F=kx$		跟弹性形变的方向相反	产生弹力的两物体接触点
摩擦力	滑动摩擦力	$f=\mu N$	跟相对运动或相对运动趋势的方向相反	分布在接触面上,可等效集中作用于接触面上的一点
	静摩擦力	由平衡条件确定		

3.合力和分力

几个已知力可以等效成一个合力；一个已知力可分解成几个分力。

4.力的合成和分解

求几个已知力的合力叫力的合成；将一个已知力等效成几个分力叫力的分解。

力的合成与力的分解互为逆运算，它们都遵循平行四边形定则。

5.受力分析

（1）明确受力分析的对象。

（2）顺序，重力，弹力，摩擦力，其他力。

（3）作图。

6.共点力作用下物体的平衡

在共点力作用下，物体处于静止或匀速直线运动状态就称为物体处于平衡状态，物体在共点力作用下平衡时，所受的合力为零。

7.力矩、力矩平衡条件

在讨论定轴转动过程中，力矩是改变物体转动状态的原因。力矩不仅与力的大小和方向有关，而且与力的作用点有关。

$$M=Fr$$

定轴转动的物体若处于静止或匀速转动状态，则称为物体处于转动平衡。有固定转轴的物体平衡时，物体所受到的合力矩为零，也就是说力矩平衡。

二、知识技能

1.理解力、力矩的概念。

2.会利用平行四边形定则作图法和计算法计算最多三个共点力的合力。

3.会对单个物体或最多两个物体的连接体的力学问题进行正确受力分析。

4.综合应用平衡条件解释简单的日常生活中的静力学现象，并能够进行简单计算。

课后达标检测

一、判断题

1.（　　）力可以离开物体而存在。
2.（　　）重力的方向总是垂直向下的。
3.（　　）物体受到弹力时，必定与施力物体接触。
4.（　　）滑动摩擦力越大，滑动摩擦系数越大。
5.（　　）静摩擦力一定是阻力。
6.（　　）合力一定大于每一个分力。
7.（　　）保持静止的物体一定不受力的作用。
8.（　　）物体受三个共点力作用静止时，这三个力中任意两个的合力必与第三个力大小相等方向相反。
9.（　　）挂在绳下端的物体保持静止状态，是因为绳拉物体的力跟物体拉绳的力大小相等。

二、选择题

1.关于弹力，下列说法正确的是（　　）。
A. 放在桌面上的物体对桌面的压力就是物体的重力
B. 压力和支持力总是跟接触面垂直
C. 物体对桌面的压力是桌面发生微小形变而产生的
D. 相互接触的物体之间必定有弹力

2.作用在同一物体上的两个力，$F_1=10N$，$F_2=4N$，它们的合力不可能是（　　）。
A. 9N　　　B. 13N　　　C. 2N　　　D. 10N

3.一只茶杯静止在水平桌面上，则（　　）。
A. 它所受的重力与桌面的支持力是作用力和反作用力
B. 它对桌面的压力与桌面的支持力是作用力和反作用力
C. 它所受的重力与它对桌面的压力是一对平衡力
D. 它所受的重力与它对地球的吸引力是一对平衡力

三、填空题

1.力作用在物体上可产生两种效果：一是_____，二是_____。
2.力的三要素是_____、_____和_____。
3.重力的方向_____。
4.摩擦力的方向总是与_____方向或_____方向相反。
5.力的合成与分解遵循_____原则。
6.两个共点力 6N 和 8N，则它们合力的最大值为_____N，最小值为_____N。

7.有两个共点力,其大小分别是 2N、8N,则它们合力的最大值为_____ N,最小值为_____ N。

8.2 个共点力互相垂直,大小分别为 15N 和 20N,这 2 个力的合力为_____ N。

9.质量是 20kg 的物体,其重力大小是_____,将其放置在倾角为 30°的斜面上,它对斜面产生的压力是_____。

10.骑自行车的人,沿倾角为 30°的斜坡向下滑行,人和车共重 700N,则使车下滑的力是_____ N,压紧斜面的力是_____ N。

四、画图题

1.画出图 1-53 中物体的受力图。

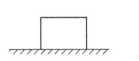  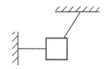

图 1-53 题 1 图

2.画出图 1-54 中 A 物体的受力图。

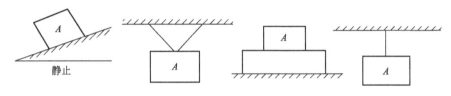

图 1-54 题 2 图

3.将图 1-55 中斜面上的物体的重力 G 分解为:平行于斜面使物体下滑的力和垂直于斜面使物体压紧斜面的力。

4.作图法作出如 1-56 中两分力 F_1、F_2 的合力。

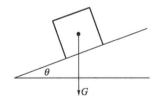 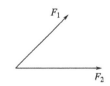

图 1-55 题 3 图　　　　　　　图 1-56 题 4 图

五、计算题

1.水平桌面上,有一重 6N 的木块,如果用绳拉木块匀速前进,水平拉力是 2.4N,求木块与水平桌面间的摩擦系数。

2.马拉雪橇在水平冰面上匀速前进,雪橇和货物总重 $6×10^4$N,滑板与冰面的动摩擦系数为 0.02,问马拉雪橇的水平拉力是多少?

3.如图 1-57 所示,沿光滑的墙壁用网兜把一个足球挂在 A 点,足球的质量为 m,

网兜的质量不计。足球与墙壁的接触点为 B，悬绳与墙壁的夹角为 α。求悬绳对球的拉力和墙壁对球的支持力。

4. 如图 1-58 所示，绳的下端挂 1 个重 25N 的物体，由一条水平方向的拉绳拉着物体，使绳静止在跟竖直方向成 $\alpha=45°$ 的位置，求水平绳对物体的拉力。

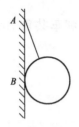

图 1-57　题 3 图

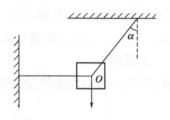

图 1-58　题 4 图

第 2 章
匀变速直线运动

茫茫宇宙，浩瀚太空，日月星辰都在不停地运动着。在我们身边，形形色色的宏观物体的运动更是随处可见，如列车的奔驰，机器在田间地头轰隆隆的旋转，大海的惊涛拍岸，飞机空中飞行等；在微观领域，组成物质的分子、原子等也在永不停息的运动。总之，宇宙万物都在永恒的运动着。

在各种各样的运动中，机械运动是最基本、最普通的运动形式。所谓机械运动，指的是物体之间相对位置的变化。本章我们将从直线运动入手，主要学习运动的描述和匀变速直线运动的规律。

2.1 运动的描述

（1）参考系

要判断一个物体的运动，必须选择一个假定不动的物体作为参考，这个被假定不动的物体称为参考系。例如火车沿铁轨奔驰，火车相对于铁轨位置发生了变动；轮船在大海中航行，轮船相对于码头位置发生了变动；汽车在公路上行驶，汽车相对于路面的位置发生了变动，这里的铁轨、码头、路面就是参考系。

（2）运动的相对性

选择不同的参考系，同一物体的运动描述的结果不同。坐在行驶的汽车中的乘客，以车厢为参考系，他是静止的；以地面为参考系，他是随车一起运动的。再如你坐在教室里静静地上课，以地面为参考系，你是静止的；以太阳为参考系，你随地球的自转、公转一起运动。

描述物体的运动，参考系是可以任意选取的，但是，相对不同的参考系，物体运动描述的繁简程度不同。因此，在实际问题中，选择什么样的参考系，以简单方便为依据。一般研究地面上物体的运动时，常选择地面上不动的数目、房屋等作为参考系；研究行星的运动时，常以太阳为参考系。

(3) 质点

物体都具有一定的大小和形状。在物体运动中，物体各个部分的运动情况并非完全相同，要详细的描述物体的运动，是十分复杂的事。但是，在某些条件下，可以忽略物体的大小和形状，只考虑物体的质量而使问题简化。也就是说，将实际物体看作只有质量，没有大小和形状的点。用来代替物体的具有质量的点成为质点。质点是一个理想模型，是对实际物体的抽象简化。建立理想模型是物理中较为突出主要因素，忽略次要因素，简化问题的科学研究方法。在以后的学习中，还会碰到许多这样的理想模型，我们应理解和掌握这样科学方法。

在什么条件下，才能将物体视为质点，要看具体情况而定。例如列车在平直的铁轨上奔驰，当我们研究其整体运动时，可以将列车视作质点，但当研究列车通过某一标志所用时间时，显然，不能将列车看作质点。研究地球绕太阳公转时，可以把地球看作质点。例如研究原子内部核外电子绕原子核运动时，尽管原子很小，却不能将原子看作质点。总之，物体能否看作质点要根据物体的大小和形状在运动中的作用而定。

(4) 位移、路程

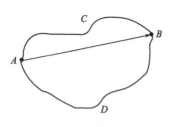

图 2-1 位移和路程

在初中，我们已学习过，运动物体经过的实际路径长度叫**路程**。显然，路程只有大小，没有方向，是标量；路程的长短与物体的运动路径有关。从同一地点出发，到达同一目的地，可以选择不同的交通工具，沿不同的路径。运动路径不同，路程不同，但物体的位置变动相同。如图 2-1 所示，假定教室在图中的 A 点，实习工厂在 B 点，即在教室东北方向 600m 处。我们从教室到工厂，可能有几条不同的路径，如果只考虑位置的变动，那么不管哪种走法，位置的变动都是沿东偏北的方向上移动了 600m。可见，物体的位置变动具有这样的特点，它只跟物体的初位置、末位置有关，而与物体的运动路径无关。位置的变动不但有距离的大小，而且有方向。因此，我们从初位置 A 向末位置 B 做有向线段 AB，用它来描述物体位置的变动。

从初位置指向末位置的有向线段称为物体运动的位移。它是描述物体位置变动的物理量。

位移不仅有大小，而且有方向，是矢量。

位移的单位和路程相同，在国际单位之中，单位是米，符号是 m，有时，在工程技术上也用**千米**（km）、**厘米**（cm）作为位移的单位。

位移和路程既有区别又有联系。如图 2-1，路程可能是 ACB、ADB，也可能是 AB，路程是标量，其大小与运动路径有关；而位移只有一个，即有向线段 AB，位移是矢量，唯一的大小与运动路径无关，只有初、末位置决定。

只有在单向直线运动中，位移的大小等于路程。

（5）时间、时刻

在生活中，时间和时刻并没有严格区分，但在物理中，时间和时刻具有不同的含义。例如作息时间表（表 2-1）：

表 2-1　作息时间表

上午	午休	下午	晚自习
7：30～11：30	12：00～14：00	14：00～18：00	19：00～21：00

从表 2-1 中看出 7：30、11：30 指的是上班、下班的时刻，这两个时刻之差 4 小时指的是工作时间。可见，时刻指的是钟表指针在某一确定的位置示数，时间是两时刻的差值。

研究质点运动时，质点的某一位置与时刻相对应，质点运动的路程与一段时间对应。

时间的法定计量单位**秒、分、小时**，符号表示是 s、min、h。日常生活中用手表或钟表计时，实验室中常用秒表计时，在比较精确地计时场合，需要测量和记录很短的时间，学校实验室中常用打点计时器来计时。

问题与练习

1. "旭日东升"、"坐地日行八万里，巡天遥看一千河"，各是选择什么样的参考系而言的？

2. 某运动员绕长为 400m 的椭圆形跑道跑步。早晨 6：00 从起点开始，到 6：05 跑了 5 圈又回到起点。问该运动员运动的路程是多少？位移是多少？这里的 6：00、6：05 指的是时间还是时刻？

3. 在图 2-2 中的时间轴上表示出下列各时刻和时间：第 4s 末、第 4s 初、第 5s 内、前 5s。

4. 某人向东行 400m，又向西行 100m，再往北行 400m，他的路程是多少？

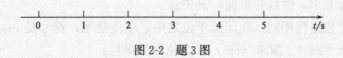

图 2-2 题 3 图

他的位移大小是多少？方向怎样？

5. 想一想，计程车是按路程收费还是按位移收费？

2.2 匀速直线运动

(1) 匀速直线运动

在初中，我们已学习过，若物体沿直线运动，在相等的时间内通过的路程都相等，这样的运动称为匀速直线运动。考虑位移更能准确描述物体位置的变动，且在单向直线运动中，位移的大小等于路程。因此，匀速直线运动更严格的说法是：

物体沿直线运动，在相等的时间内通过的位移都相等，这样的运动称为匀速直线运动，简称匀速运动。例如一辆汽车沿一段平直公路上向右行驶，记下每运动 100m 时的时间如表 2-2 所示。

表 2-2 汽车行驶的时间和位移

时间 t/s	0	5.0	10.0	15.0	20.0
位移 s/m	0	100	200	300	400

数据表明，在相等的时间内，汽车的位移是相等的，显然，每 5s 的时间里位移的大小都是 100m，方向向右，在每 10s 的时间里位移的大小都是 200m，方向向右，汽车的运动为匀速直线运动。

(2) 匀速直线运动的速度

同样是匀速运动，其运动的快慢可以不同，有时相差悬殊。我们都有这样的生活常识，从甲地到乙地，小轿车比大卡车先到达，小轿车运动得快。为了比较运动得快慢，我们引入速度概念。如前例所示，尽管汽车在不同的时间内运动的位移大小不相等，但位移跟时间的比值是恒量，这个比值的大小可以反映汽车运动的快慢程度。

在匀速直线运动中，位移 s 跟发生这段位移所用时间 t 的比值称为匀速直线运动的速度，用符号 v 表示，即

$$v = \frac{s}{t}$$

匀速直线运动的速度不仅有大小，而且有方向，是矢量。其方向与位移的方向相

同，也即与物体运动方向相同。

在国际单位制中，速度的单位是米/秒，符号是 m/s。常用单位还有 km/h、cm/s 等。m/s 和 km/h 的换算关系是：1m/s＝3.6km/h。

匀速直线运动是速度大小和方向都保持不变的运动，即 $v=$ 恒量。

(3) 匀速直线运动的位移公式

若已知物体做匀速直线运动的速度，那么根据公式 $v=\dfrac{s}{t}$ 就可以计算出它在任意时间内的位移

$$s=vt$$

上式称为**匀速直线运动的位移公式**。

(4) 匀速直线运动的图像

运动规律不仅可以用公式表示出来，也可以用图像表示。图像在科学实验和工程技术中具有重要的应用。因此，我们应重视图像的学习。

在平面直角坐标系中，以横轴表示时间 t，纵轴表示速度 v，画出的速度和时间的关系图象叫速度-时间图像，即 v-t 图像。

匀速直线运动的 v-t 图像是一条平行于时间轴的直线，如图 2-3 所示。

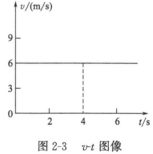

图 2-3　v-t 图像

利用 v-t 图像不仅可以直观的求出匀速直线运动的运动速度，而且可以求出任意一段时间内位移大小。位移的大小等于速度图像的线下"面积"。如图 2-3 中物体在 4s 时间内运动的位移大小等于 v-t 图像线下的矩形面积。即

$$s=6\times 4=24(\text{m})。$$

问题与练习

1. 一列做匀速直线运动的火车，在 5min 内所通过的位移是 450m，问火车做匀速直线运动的速度是多少？

2. 在同一直角坐标系中，画出 $v_1=4.0$m/s 和 $v_2=10$m/s 的匀速直线运动的速度图像。

3. 观察图 2-4 中 v-t 图像，完成以下问题：（设向南为正方向）

(1) 物体在 0～4s 向____作_____运动；4～10s 向____作_____运动。前阶段的速度大小_____后阶段的速度大小。

(2) 物体在 10s 内的位移是_____；10s 内的路程是_____；第 10s 末物体在距出发点_____面_____m。

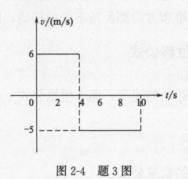

图 2-4 题 3 图

2.3 变速直线运动

(1) 变速直线运动

平常我们看到的直线运动，往往不是匀速直线运动。例如汽车的运动，汽车启动时，运动得越来越快；刹车时，运动得越来越慢；在行驶过程中，运动时快时慢，在相等的时间内通过的位移并不相等。

物体沿直线运动，如果在相等的时间内通过的位移不相等，这种运动就叫做变速直线运动。

(2) 平均速度

物体做变速直线运动，在相等的时间内运动的位移并不相等，因此，它没有恒定的速度。那么怎样描述变速直线运动的快慢呢？粗略的办法是把它看作匀速直线运动来处理，引入平均速度描述它的平均快慢程度。

在变速直线运动中，运动物体的位移 s 跟发生这段位移所用时间 t 的比值叫做物体在这段时间（或这段位移）内的平均速度。用符号 $\bar{v}$ 表示。即

$$\bar{v} = \frac{s}{t}$$

平均速度不仅有大小，而且有方向，是矢量。平均速度的方向与在这段时间内发生的位移的方向相同，并非一定是物体运动的方向。

平均速度与计算时所取的时间（或位移）有关。因此，必须指出求出的平均速度是对哪段时间（或位移）而言的。

如果知道做变速直线运动的物体在某段时间内的平均速度，就可以将该段时间内的变速直线运动看作直线运动来处理，从而计算出在这段时间内的位移。即

$$s = \bar{v}t$$

平均速度只能粗略地描述物体运动的快慢,是不精确的。例如一辆沿平直公路行驶的汽车,30min 内走了 40km,它的平均速度是 80km/h,但实际上其运行速度有时比 80km/h 大,有时比 80km/h 小。

(3) 瞬时速度

既然平均速度只能粗略地描述变速直线运动的快慢,那么怎样才能精确描述运动物体在某一时刻或某一位置时的运动快慢呢?为此引入瞬时速度概念。

运动物体在某一时刻或某一位置时的速度称为瞬时速度。

瞬时速度不仅有大小,而且有方向,也是矢量。瞬时速度的大小(也称为瞬时速率)可以用速率计测量出来(见图 2-5);瞬时速度的方向与物体运动的方向相同。

图 2-5 速率计

匀速直线运动中,物体运动的平均速度和瞬时速度相等,都等于匀速直线运动的速度。

问题与练习

1. 判断题

A. 某段的 $\bar{v} = 10\text{m/s}$,表示此段中每经 1s 其位移都是 10m。(　　)

B. 两段的 $\bar{v}_1 > \bar{v}_2$,表示第一段中每时的瞬时速度均大于第二段。(　　)

C. 已知在某 20s 内的 $\bar{v} = 6\text{m/s}$,则在某 20s 内的位移为 120m,在前 5s 内的位移为 30m。(　　)

D. 匀速运动的 $\bar{v}$ 与哪段无关,变速运动的 $\bar{v}$ 一般与哪段有关。(　　)

E. 变速直线运动中瞬时速度是时刻改变的。(　　)

F. 两个时刻 t_1、t_2,瞬时速度 $v_1 > v_2$,表示 t_1 前的运动快慢比 t_2 后的运动运动快慢要快。(　　)

G. 某段 v 的方向即为该段的位移方向。(　　)

H. 某时 v 的方向即为该时的运动方向。(　　)

2. 判断下面的几种速度哪个是平均速度?(　　)哪个是瞬时速度?(　　)。

A. 子弹射出枪口的速度是 800m/s,以 790m/s 的速度击中目标

B. 汽车从甲站到乙站的速度是 40km/h

C. 火车通过站牌时的速度是 72km/h

D. 足球第 3s 末的速度是 6m/s

3. 人骑自行车沿坡路下滑，第 1s 内的位移是 1m，第 2s 内的位移是 3m，第 3s 内的位移是 5m，求：

(1) 最初 2s 内的平均速度；

(2) 最后 2s 内的平均速度；

(3) 3s 内的平均速度。

4. 短跑运动员在百米竞赛中，测得他在 5s 末的速度是 10.4m/s，10s 末到达终点的速度为 10.2m/s，求运动员在全程中的平均速度。

2.4 匀变速直线运动

(1) 匀变速直线运动

物体做变速直线运动，速度不断改变，例如汽车启动时，速度逐渐增加，若在相等的时间内，速度增加值相等，我们就称汽车做**匀加速直线运动**；汽车进站刹车时，速度逐渐减小，若在相等的时间内，速度的减小值相等，即速度均匀减小，我们就称**汽车做匀减速直线运动**。无论物体做匀加速直线运动，还是匀减速直线运动，我们统称物体做匀变速直线运动。

物体沿直线运动，如果在相等的时间内，速度的变化（增加或减小）都相等，这种运动叫做匀变速直线运动。

通常情况下，石块从不高的地方竖直下落的运动；汽车等交通工具在开动后与停止前一段时间内的运动；滑冰运动员沿山坡下滑的运动等都可看作匀变速直线运动。

(2) 加速度——速度改变快慢的描述

不同的变速运动，速度改变的快慢不同。例如汽车进站正常刹车时，速度减小的慢，而在行驶过程中遇到突发事件紧急刹车时，速度减小的快。那么怎样描述速度变化的快慢呢？为此我们引入加速度。

在匀变速直线运动中，速度的变化跟所用时间的比值称为匀变速直线运动的加速度。用符号 a 表示，即

$$a = \frac{v_t - v_0}{t}$$

式中　v_0——表示物体开始时刻的速度（初速度）；

v_t——表示物体运动一段时间 t 的末了时刻的速度（末速度）。

加速度是描述速度改变快慢的物理量，是速度对时间的变化率。在匀变速直线运

动中，由于速度方向不变，因此，匀变速直线运动的加速度表示速度大小变化的快慢。

加速度的单位由速度的单位和时间的单位确定，在国际单位制中，加速度的单位是**米每二次方秒**。用符号表示是 m/s^2。

加速度不仅有大小，而且有方向，是矢量。物体做匀加速直线运动时，$v_t > v_0$，$a > 0$，加速度的方向与物体运动的方向相同；物体做匀减速直线运动时，$v_t < v_0$，$a < 0$，加速度的方向与物体运动的方向相反，如图 2-6 所示。也就是说，在匀变速直线运动中，若选取物体运动的初速度方向为正方向，则加速度方向可以用正负号表示。

(a) 匀加速直线运动　　　　　　(b) 匀减速直线运动

图 2-6　匀变速直线运动的加速度方向

同一匀变速直线运动中，速度是均匀变化的，加速度大小、方向都不变。因此，匀变速直线运动时加速度不变的运动。

[例 2-1]　做匀变速直线运动的火车，在 50s 内，速度从 36km/h 增加到 54km/h，求火车的加速度。

分析：火车做匀加速直线运动，已知其初速度、末速度和所用时间，将速度单位换算成国际单位，利用加速度公式可求出火车运动的加速度。

解：选取火车运动的初速度方向为正方向

$$v_0 = 36\text{km/h} = 10\text{m/s}$$
$$v_t = 54\text{km/h} = 15\text{m/s}$$

根据　$a = \dfrac{v_t - v_0}{t} = \dfrac{15 - 10}{50} = 0.1(\text{m/s}^2)$

$a > 0$ 表示加速度的方向与运动方向相同。

[例 2-2]　汽车紧急刹车时，加速度的大小是 5m/s^2，汽车开始刹车时的速度为 10m/s，问汽车刹车后经多长时间停止运动？

分析：汽车做匀减速直线运动，此时加速度方向与运动方向相反，$a = -5\text{m/s}^2$。又已知初速度 $v_0 = 10\text{m/s}$，末速度 $v_t = 0$，利用加速度公式变换后可求出时间 t。

解：选取汽车运动的初速度方向为正方向

根据 $a = \dfrac{v_t - v_0}{t}$ 得

$$t = \dfrac{v_t - v_0}{a} = \dfrac{0 - 10}{-5} = 2(\text{s})$$

问题与练习

1. 下列关于速度和加速度的说法，正确的是（　　）。
   A. 在匀加速直线运动中，加速度越来越大
   B. 物体的速度越大，加速度越大
   C. 物体的速度变化快，加速度越大
   D. 物体的速度变化量越大，加速度越大

2. 下面三种运动，加速度各有什么特点？
   A. 匀速直线运动
   B. 匀加速直线运动
   C. 匀减速直线运动

3. 速度为 18m/s 的火车，制动后 15s 停止运动，求火车的加速度。

4. 枪筒内的子弹在某一时刻的速度是 100m/s，经过 0.0015s 子弹从枪口射出，出口速度为 700m/s，求子弹的加速度。

2.5 匀变速直线运动的规律

物体做匀变速直线运动，其瞬时速度和运动的位移不断随时间变化。本节讨论匀变速直线运动的瞬时速度和位移变化的规律。

（1）匀变速直线运动的速度

对于做匀变速直线运动的物体，若已知其运动的加速度 a，由加速度公式 $a = \dfrac{v_t - v_0}{t}$ 得到

$$v_t = v_0 + at$$

特殊情况：当物体的初速度为零即 $v_0 = 0$，$v_t = at$。

这就是**匀变速直线运动的速度公式**。利用上式可求得做匀变速直线运动的物体在某一时刻的瞬时速度。

[例 2-3] 一辆汽车原来的速度是 36km/h，后来 0.25m/s² 的加速度做匀加速行驶，求加速 40s 时汽车的速度大小。

分析：汽车做匀加速直线运动。已知初速度 $v_0 = 36\text{km/h} = 10\text{m/s}$，加速度 $a = 0.25\text{m/s}^2$，行驶时间 $t = 40\text{s}$，利用匀变速直线运动公式可求末速度 v_t。

解：汽车做匀加速直线运动，取汽车运动方向为正方向。
由匀变速直线运动的速度公式 $v_t = v_0 + at = 10 + 0.25 \times 40 = 20(\text{m/s})$

(2) 匀变速直线运动 v-t 图像

匀变速直线运动的规律不仅可以用前面的公式表示，也可以用图像来描绘。以时间为横轴，速度为纵轴，建立直角坐标系，作出它的 v-t 图像（速度-时间图像）。图 2-7(a) 表示匀加速直线运动的 v-t 图像；图 2-7(b) 表示匀减速直线运动的 v-t 图像。

利用 v-t 图像，不仅能判定物体的运动是否做匀变速直线运动，直观地确定某时刻的瞬时速度大小，而且能求出在某段时间内匀变速直线运动的位移大小及运动的加速度。

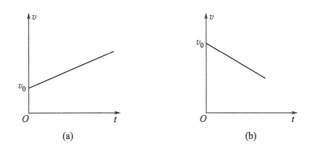

图 2-7　匀变速直线运动的 v-t 图像

[例 2-4] 一匀变速直线运动的速度图像如图 2-8 所示，求初速度 v_0 和加速度 a。

解：从图像可以看出：初速度 $v_0=4\text{m/s}$，当 $t=2\text{s}$ 时，$v_t=8\text{m/s}$

由加速度公式

$$a=\frac{v_t-v_0}{t}=\frac{8-4}{2}=2(\text{m/s}^2)$$

所以

$$v_0=4\text{m/s}，a=2\text{m/s}^2$$

(3) 匀变速直线运动的位移

在速度图像中，图线与时间轴围成的面积可表示物体运动的位移，下面我们根据速度图像（见图 2-9）来推导匀变速直线运动的位移。

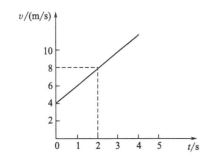

图 2-8　例 2-4 图

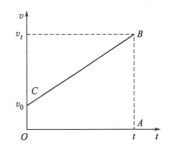

图 2-9　匀变速直线运动的速度图像

由图可知：梯形 $OABC$ 的面积为物体运动时间 t（s）的位移 $s = \dfrac{(OC+AB) \times OA}{2}$，代入各物理量，即 $s = \dfrac{(v_0+v_t) \times t}{2}$

将 $v_t = v_0 + at$ 代入上式得

$$s = v_0 t + \dfrac{1}{2} a t^2$$

该式即为**匀变速直线运动的位移公式**。

特殊情况：当物体的初速度为零即 $v_0 = 0$ 时，$s = \dfrac{1}{2} a t^2$。

[例 2-5] 汽车以 5m/s 的速度匀速行驶，经过一座工厂大门时开始加速，加速度的大小是 0.25m/s^2。求汽车运行 20s 时的运动速度和运动的位移是多大？

分析：汽车从工厂大门开始做匀加速直线运动，已知汽车运动的初速度 $v_0 = 5\text{m/s}$，运动的加速度 $a = 0.25\text{m/s}^2$，运动时间 $t = 20\text{s}$，根据速度公式和位移公式即可求出速度和位移大小。

解：选汽车为研究对象，并取汽车运动方向为正方向

由速度公式得 $\quad v_t = v_0 + at = 5 + 0.25 \times 20 = 10(\text{m/s})$

由位移公式得 $\quad s = v_0 t + \dfrac{1}{2} a t^2 = 5 \times 20 + \dfrac{1}{2} \times 0.25 \times 20^2 = 150(\text{m})$

推论 匀变速直线运动的基本公式是：

$$v_t = v_0 + at$$

$$s = v_0 t + \dfrac{1}{2} a t^2$$

两式联立，消去时间 t 可得

$$v_t^2 - v_0^2 = 2as$$

特殊情况：当物体的初速度为零即 $v_0 = 0$ 时，$v_t^2 = 2as$。

上式不含时间 t，表明了速度和位移之间的关系。利用该式求解那些运动时间未知的问题十分方便。

[例 2-6] 飞机着陆后匀减速滑行，它滑行的初速度 $v_0 = 60\text{m/s}$，加速度的大小 5m/s^2，飞机着陆后要滑行多远才能停下来？

分析：飞机做匀减速直线运动。根据题意，已知 $v_0 = 60\text{m/s}$，$a = -5\text{m/s}^2$，$v_t = 0$，题目不涉及时间 t，利用 $v_t^2 - v_0^2 = 2as$ 可直接求出 s。

解：选飞机为研究对象，并取飞机着陆运动方向为正方向

根据 $v_t^2 - v_0^2 = 2as$ 知

$$s = \dfrac{v_t^2 - v_0^2}{2a} = \dfrac{0 - 60^2}{2 \times (-5)} = 360(\text{m})$$

即飞机着陆后要滑行 360m 才能停下来。

问题与练习

1. 一辆电车原来的速度是 18m/s，在一段坡路上以 0.5m/s² 的加速度做匀加速直线运动，求电车加速行驶了 20s 时的速度和通过的位移。

2. 一列火车在斜坡上匀加速下行，在坡顶端时的速度是 8m/s，加速度是 0.2m/s²，火车通过斜坡的时间是 30s，求这段斜坡的长度。

3. 骑自行车的人原来的速度是 3m/s，下坡时做匀加速直线运动，通过 50m 的坡路后速度达到 5m/s，求下坡时加速度的大小和下坡所用的时间。

2.6 自由落体运动

(1) 自由落体运动

物体自由下落的运动是一种常见的运动。如熟透了的苹果从树上落下（见图 2-10）；挂在线下的重物，如果把线剪断，它就在重力作用下竖直下落；打夯时，被举高的夯在重力作用下竖直下落等。

不同物体自由下落的快慢是否相同？

熟透了的苹果和一片枯萎的树叶从同一高度下落时，苹果总是先落地。这似乎可以得到结论：物体越重，下落越快。早在公元前 4 世纪，古希腊哲学家亚里士多德凭经验就已提出这样的论断。其实，这个结论是错误的。它没有考虑空气的阻力对运动的影响。现在让我们观察以下实验。

图 2-10 苹果落地

 观察实验

如图 2-11 所示，一根长约 1.5m，一端封闭，另一端有阀门的玻璃管，管内放置一些形状和质量不同的金属片、羽毛、软木塞、硬币等。如果玻璃管内有空气，把玻璃管倒过来之后，可以观察到这些物体下落的快慢不同。当把玻璃管内的空气几乎全部抽出时，再把玻璃管倒过来，可以发现这些物体下落的快慢相同。

图 2-11 玻璃管

物体只在重力作用下从静止开始下落的运动称为自由落体运动。 物体在空气中下落的运动，严格说来，都不是自由落体运动，但是在空气阻力作用比较小，可以忽略不计时，物体的下落运动也可近似看作自由落体运动。

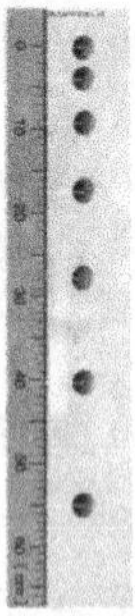

实验表明：轻重不同的物体从同一地点，同一高度自由下落，同时到达地面。对自由落体运动进行频闪照相，图 2-12 所示是小球做自由落体运动的频闪照相的照片，照片上相邻的像是相隔同样的时间拍摄的，分析研究可以得到：在相等的时间间隔里，小球下落的位移越来越大。也就是说，小球速度越来越大，做加速运动。

图 2-12　频闪照片

伽利略仔细研究了物体下落运动后指出：**自由落体运动是初速度为零的匀加速直线运动。**

(2) 自由落体加速度

不同物体从同一地点同一高度同时下落，总是同时到达地面。根据初速度为零的匀加速直线运动的位移公式 $s=\dfrac{1}{2}at^2$ 可知，自由落体的加速度必定相同。

在同一地点，一切物体在自由落体运动中的加速度都相同，加速度跟它们的质量、大小、形状无关，这个加速度称为自由落体加速度，也称重力加速度。通常用 g 表示。

重力加速度的方向总是竖直向下，它的大小可以用实验方法来测定。在地球不同的地方。g 的大小略有不同。图 2-13 列出了地球上不同纬度处的重力加速度。

在通常计算中，g 取 9.8m/s^2；在粗略的计算中，g 可以取 10m/s^2。在工程技术中，$g=9.8\text{m/s}^2$ 常常作为加速度的标准来使用，例如，要求货车的最大制动加速度的大小为 $0.6g$，轿车为 $0.8g$ 等。

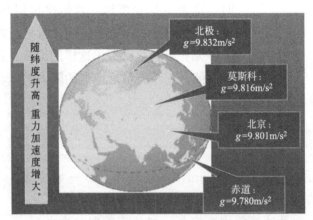

图 2-13　地球上不同纬度处的重力加速度

(3) 基本公式

由于自由落体运动是初速度为零的匀加速直线运动，因此，匀变速直线运动的规律都适用于自由落体运动。只要将公式中的 v_0 取作零，用 g 代替加速度 a，用下落高度 h 表示位移 s 即可。所以自由落体运动的基本公式为

$$v_t = gt$$
$$h = \frac{1}{2}gt^2$$
$$v_t^2 = 2gh$$

问题与练习

1. 将一块石头放在井口，让其自由下落，落到井底时时间为 2s，若忽略声音的传播，求井的深度。

2. 一个自由下落的物体，到达地面的速度是 39.2m/s，该物体是从多高处落下的？落到地面所用的时间是多少？

本章小结

一、知识要点

1. 参考系运动的相对性

描述物体的运动必须选择参考系，同一物体的运动选择不同的参考系，描述运动情况不同。

2. 位移和路程

位移和路程是描述物体运动位置变化的物理量，二者既有联系又有区别。位移更能准确反映物体运动位置变化的方位。

只有在单向直线运动中，位移的大小才等于路程。

3. 平均速度和瞬时速度

速度是描述物体运动快慢的物理量。在变速直线运动中，平均速度只能描述在某段时间（某段位移）内的平均快慢程度，瞬时速度才能准确描述物体在某时刻或某位置运动的快慢。

在匀速直线运动中，平均速度和瞬时速度相等。

4. 加速度

加速度是描述物体运动速度改变快慢的物理量，加速度是速度对时间的变化率，与速度无关。运动速度大，加速度不一定大；运动速度为零，加速度不一定为零。

加速度是矢量，不仅有大小，而且有方向。在匀变速直线运动中，若选取初速度方向为正方向（参考方向），则加速度的方向可以用正负号表示。$a > 0$，物体做匀加

速直线运动，加速度的方向与初速度方向相同；$a<0$，物体做匀减速直线运动，加速度的方向与初速度方向相反。

同一匀变速直线运动中，加速度的大小和方向保持不变。

5.匀变速直线运动规律（见表 2-3）

表 2-3　匀变速直线运动规律

运动	特点	规律	图像
匀速直线运动	$a=0,v=$恒量	$s=vt$	
匀加速直线运动	$a\ne 0,v$ 均匀增加	$v_t=v_0+at$ $s=v_0t+\dfrac{1}{2}at^2$ $v_t^2-v_0^2=2as$	
匀减速直线运动	$a\ne 0,v$ 均匀减小		
自由落体运动	$a=g,v$ 增加	$v_t=gt, h=\dfrac{1}{2}gt^2, v_t^2=2gh$	

二、知识技能

1.领会位移和路程，速度、速度改变量、加速度概念。

2.会利用匀变速直线运动的图像，判别运动类型，求位移、速度、加速度大小。

3.综合应用匀变速直线运动规律分析简单的问题。

4.理解和掌握运动的描述方法。

课后达标检测

一、判断题

1.质量很小的物体一定可以看作质点 。（　　）

2.只有很小的物体才可视为质点。（　　）

3.质点是一个理想的模型，实际上并不存在。（　　）

4.学生上午 8：15 上课，指的是时间。（　　）

5.自由落体运动是一种初速度为零的匀加速直线运动。（　　）

6.一物体在 5.0s 内的平均速度是 2m/s，它在 10s 内的位移一定 20m。（　　）

7.速度的变化量大,加速度一定大。(　　)

8.有加速度的物体其速度一定增加。(　　)

9.重力加速度是一个标量,只有大小而没有方向,大小是9.8m/s^2。(　　)

10.物体在一条直线上运动,如果瞬时速度不断变化,这种运动是变速直线运动。(　　)

二、选择题

1.教师先前在讲台的左侧,现在在讲台的右侧。对此,下面哪种说法较准确?(　　)。

A.教师在运动

B.讲台在运动

C.取讲台为参考系,教师在运动;取教师为参考系,讲台在运动

D.无法判断

2.下面几种速度,不是瞬时速度的是(　　)。

A.子弹射出枪口的速度是800m/s,以790m/s的速度击中目标

B.汽车从甲站到乙站的速度是40km/h

C.火车通过站牌时的速度是72km/h

D.足球第3s末的速度是6m/s

3.关于质点,下列说法中正确的是(　　)。

A.质量很小的物体一定可以看作质点

B.体积很小的物体一定可以看质点

C.质量和体积都很大的物体一定可以看作质点

D.质量和体积都很大的物体有时也可以看作质点

4.下列关于速度和加速度的说法,正确的是(　　)。

A.速度大,加速度一定大　　　　B.速度变化量大,加速度一定大

C.加速度为零,速度一定不变　　D.加速度就是速度的增加

5.物体做匀加速直线运动,则其加速度a一定(　　)。

A.$a>0$　　　　B.$a<0$　　　　C.$a=0$　　　　D.无法确定

6.轻、重不同的物体从同一高度做自由落体运动,则(　　)。

A.轻的物体先落地　　　　　　B.轻、重两物体同时落地

C.重的物体先落地　　　　　　D.无法确定

三、填空题

1.一个质点沿半径为R的圆周运动了5周回到原地,它的位移大小为_____,它通过的路程是_____m,最大位移_____m。

2.72km/h=_____m/s,10m/s=_____km/h。

3.汽车沿上坡路行使,在第1s内走了8m,第2s内走了4m,第3s内走了3m。则前2s内和前3s内的平均速度分别是_____m/s和_____m/s。

4.如图2-14所示:①②是两条速度-时间图像,与图像①对应的是_____

运动，与图像②对应的是_____运动，其初速度 $v_0=$_____m/s，加速度 $a=$_____m/s²

5. 一物体运动的速度-时间图像如图 2-15 所示。则物体在前 4s 的时间内做_____运动；BC 段表示物体做_____运动；CD 段又表示物体做_____运动；物体在 6s 内运动的位移大小是_____m。

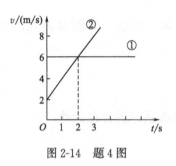

图 2-14 题 4 图

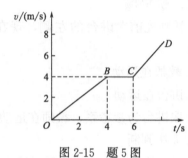

图 2-15 题 5 图

6. 汽车在坡顶的速度是 10m/s，以 2m/s² 的加速度下坡，行驶 4s 达到坡底，坡长是_____m。

7. 加速度 $a=-10$m/s²，说明加速度方向和速度方向_____。

8. 匀速直线运动的加速度 a____0；匀加速直线运动的加速度 a____0；匀减速直线运动的加速度 a____0。（填"<、>、="）

9. 汽车从车站出发做匀加速直线运动，加速度 0.5m/s²，加速 10s 时的速度_____m/s。

10. 重力加速度的值一般取_____m/s²，方向总是_____。

11. 物体只在_____作用下从_____开始下落的运动称为自由落体运动。

12. 匀变速直线运动中，v、t、a、s 等量，是矢量的是_____，是标量的是_____。

四、计算题

1. 飞机着陆后匀减速滑行，它滑行的初速度是 60m/s，加速度大小是 5m/s²，飞机着陆后要滑行多远才能停下来。

2. 骑自行车的人原来的速度是 3m/s，下坡时做匀加速直线运动，通过 50m 的坡路后速度达到 5m/s，求下坡时加速度的大小和下坡所用的时间。

3. 一个物体从 20m 高处自由落下，求：
   (1) 它落到地面用多少时间？
   (2) 它到达地面时的速度是多大？

4. 一辆电车原来的速度是 18m/s，在一段坡路上以 0.5m/s² 的加速度做匀加速直线运动，求电车加速行驶了 20s 时的速度和通过的位移。

5. 一竖直上抛物体，其初速度为 16m/s，求此物体能上升的最大高度。

第 3 章

牛顿运动定律

前面我们主要学习了有关力的知识以及物体运动的运动规律和描述方法,并没有涉及物体为什么会做各种各样的运动。要弄清这个问题,需要知道力和运动的关系。在力学中,研究物体怎样运动而不涉及运动和力关系的分支叫重力学,研究运动和力的关系的分支叫动力学。

动力学知识在日常生活、生产实践、工程设计和科学研究中都有重要的应用。建筑设计、架设输电线路、修渠筑坝、机械制造、计算人造卫星轨道、研究天体运动、甚至连徒手劳动等都离不开动力学知识。

动力学的基础是牛顿运动定律。牛顿站在巨人的肩上,继承总结前人的科研成果,提出三条运动定律,并由此发展形成了系统的经典力学理论。本章将在初中物理学过的惯性、惯性定律的基础上,深入讲述牛顿运动定律,揭示力和运动的关系。

3.1 牛顿第一定律

(1) 伽利略理想实验

马用力拉车,车前进;马停止用力,车就停止。古希腊哲学家亚里士多德根据这类经验事实指出:力是维持物体运动的原因。也就是说物体受到力,才能运动;不受力,物体就静止不动。

17 世纪,意大利物理学家伽利略设计实验,大胆设想,合理推论,将可靠实验和科学推理相结合，巧妙指出亚里士多德的错误观点。

如图 3-1 所示，让小球沿一个斜面从静止滚下。如果没有摩擦，小球将运动到另一个斜面原来静止时高度。减小第二斜面倾角，小球仍将上升到原来的高度，但要通过较长的距离，伽利略由此推论继续减小第二个斜面的倾角，使它最终成为水平面，小球将不能到达原来的高度，就要以恒定速度沿水平面一直运动下去。此时，小球在水平运动方向上并没有受到力的作用，由此可见力不是维持物体运动的原因。

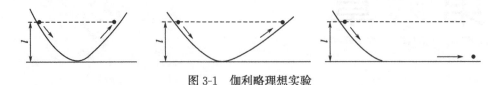

图 3-1 伽利略理想实验

伽利略指出，在水平面运动的物体之所以会停下来，是因为受到摩擦阻力的缘故，设想没有摩擦，一旦物体具有某一速度，物体将保持这个速度继续运动下去。

伽利略的理想实验尽管是"想象实验"，但决不同于凭空捏造。**理想实验是物理学研究中的重要方法之一**。它是建立在可靠的实验基础之上，符合逻辑推理，随着科学技术的发展，一些无法实现的理想实验，有可能转化为真实实验。例如现在人们可以利用气垫导轨模拟伽利略理想实验中的无摩擦水平面，观察气轨上滑块的运动来近似地验证上述结论。

（2）牛顿第一定律

英国物理学家牛顿在系统总结分析伽利略等人的研究基础上，进一步提出下述结论：

一切物体总保持静止或匀速直线运动状态，直至有外力迫使它改变这种状态为止。这就是**牛顿第一定律**。

牛顿第一定律表明：任何物体都具有保持静止或匀速直线运动状态的性质，这个性质叫做物体的**惯性**。因此，牛顿第一定律又称**惯性定律**。

(a) 汽车突然开动

(b) 汽车突然停止

图 3-2 汽车的惯性

惯性是物体的固有属性，一切物体无论受力或不受力，运动或不运动，都具有惯性，惯性的大小与物体的运动速度无关。

惯性的表现是随处可见的，惯性在生产实践中有着广泛的应用。如图 3-2，汽车突然刹车时，乘客的上半身由于惯性原因向前倾，因此，高速汽车上都配有安全带来保证安全。建房子、盖高楼要打地基，安装机器要建机座，目的都是为了增大惯性。农民利用实谷粒与瘪谷粒的惯性不同进行扬谷等。

牛顿第一定律指出物体不受力作用时，物体将保持原来的运动状态；物体受到力的作用，它的运动状态就要发生变化。也就是说，物体受到力，原来静止的就要运动起来；原来做匀速运动的就要做变速运动。因此力不是维持物体运动状态的原因，而是改变物体运动状态的原因。

任何物体都和周围的物体有相互作用，不受力的物体是不存在的，牛顿第一定律所描述的是一种理想化情况。当物体虽然受力，但合力为零时，物体跟不受力一样，这样可以证明牛顿第一定律正确地揭示了力和运动的关系。

 物理万花筒

惯性定律的建立过程

惯性是指物体不受外力作用时，保持其原有运动状态的属性。人们对于惯性这一认识有赖于惯性定律的建立，而它则依靠于对于力的认识以及区分运动状态和运动状态改变的认识，这一点在人类熟悉发展史上经历了漫长的岁月。

一、亚里士多德的学说和贡献

在人类思想史上，两千多年前希腊的哲学家亚里士多德的学说无疑地起过广泛的影响，然而他关于物理学的论述，许多都是错误的。他把物体的运动分为自然运动和强制运动。他认为圆周是完善的几何图形，圆周运动对于所有星体都是天然的，因而是自然运动；另外，地球上的物体都具有其天然位置，重物趋于向下，轻物趋于向上，假如没有其他物体阻碍，物体力图回到天然位置的运动也是自然运动；其他所有形式的运动则都是强制运动。他还进而指出，关于物体的强制运动，只有在外力的不断作用下才能发生；当外力的作用停止时，运动也立即停止。从这里可以看出亚里士多德肯定了两点：①自然运动不涉及力的问题，只有强制运动才存在力的问题；②力是物体强制运动的原因。从今天来看，这显然是错误的，然而它束缚了人们近两千年。

亚里士多德对运动和力的认识是：力是维持物体运动的原因，有力就有运动，没有力就没有运动。虽然现在我们知道这是一个错误的观点，但亚里士多德在动力学方面给我们的最大贡献是：他第一次提出了力与运动间存在关系的论点。不是有一句话吗？不怕做不到，就怕想不到。亚里士多德想到了力与运动之间应该存在关系，这就是他对动力学的贡献。

二、伽利略的学说和贡献

伽利略开创了实验和理性思维相结合的近代物理研究方法，并用于研究物体的运动。他对于亚里士多德关于物体运动的粗糙的日常观察、抽象的猜测冥想和想当然的思辨推理十分不满，他通过科学实验和科学推理得到许多正确的结果，总结在他的著作《关于托勒密和哥白尼两大世界体系的对话》和《关于力学和运动两门新科学的对话》。伽利略在研究物体在斜面上的运动时，发现当球从一个斜面上滑下来又滚上第二个斜面时，球在第二个斜面上所达到的高度与从第一个斜面上开始滑下来时的高度几乎相等。于是伽利略断定高度上的这点微小差别是由于摩擦而产生的，如果能将摩擦完全消除的话，高度将恰好相等。然后，他进行了推想：在完全没有摩擦的情况下，不管第二个斜面的倾斜角多么小，即使放平了，小球也"想"运动到原来的高度，于是只好永远运动下去了。

通过这个推想，伽利略意识到即使没有力物体也可以运动。但当他把这个观点给别人讲解并试图让别人接受时，却遇到了阻力，毕竟亚里士多德的观点早已经深入人心。于是，伽利略设计了众所周知的斜面滚球理想实验。也就是说，他是为了让别人信服自己的想法，才设计了这个实验，实验过程如下：

第一步：从斜面一侧由静止滚下的小球，若没有任何摩擦，在另一侧斜面上将达到原来的高度。这是一个大家都能够接受的事实，可以把它当做一个公理；

第二步：还是没有摩擦，把另一侧斜面近似放平，为了达到原来的高度，小球将经过更长的距离。这也是经过推理大家都能接受的一个结论；

第三步：如果将另一侧斜面完全放平，贴着地面，物体将如何？

被提问的人肯定在前两步的基础上得出：小球为了回到原来的高度，将永远运动下去。

到这里，伽利略的观点才被别人"不得不"接受。但接下来伽利略错误地认为，由于小球将沿着这个贴着地面的轨道永远运动下去，而地球是球形，因此，它将绕地球一周之后再回到水平面上的出发点。

伽利略的思想无疑地比他的前辈前进了一大步，他熟悉到不受其他物体的作用，物体可以永恒地运动，这已经很接近惯性定律，但是伽利略还没有摆脱亚里士多德的影响，他所说的水平面是和地球同心的球面，也就是说，那种不受其他物体作用的物体的永恒运动是圆周运动，因此我们还不能说伽略发现了惯性定律。

伽利略的贡献在于他提出了摩擦是影响物体运动的原因，没有摩擦物体将在水平面上永远运动的观点。更重要的是他认识到要验证一个结论是不是正确可以通过实验的方法来进行。他第一个走出"直观观察就能得出结论"的误区，提出了依靠实验来验证自己观点的科学研究方法。

三、笛卡尔的学说和贡献

最早清楚表述惯性定律并把它作为原理加以确定的是笛卡尔。笛卡尔是唯理论哲学家，他试图建立起整个宇宙在内的各种自然现象都能从基本原理中推演出来的体系，惯性定律就是他的体系中的一条基本原理。他在他的《哲学原理》一书中把这条基本原理表述为两条定律：①每一单独的物质微粒将继续保持同一状态，直到与其他微粒相碰被迫改变这一状态为止；②所有的运动，其本身都是沿直线的。然而笛卡尔没有建立起他试图建立的那种能演绎出各种自然现象的体系，其中许多是错误的，不过他的思想对牛顿的综合产生了一定的影响。

笛卡尔首先提出任何改变都是有原因的，物体要改变运动状态，就必须有外力的影响，没有外力的影响，物体就保持直线运动或静止状态。注意，此时笛卡尔的观点已经前进了一大步，他意识到：力是改变物体运动状态的原因。他还从他数学家的角度理解了伽利略所认为的小球将沿地球表面最后再回到水平面上出发点的结论是错误的。因为在不受外力的情况下，物体只能做直线运动，而不可能做曲线运动。

笛卡尔的贡献在于他第一个认识到力是改变物体运动状态的原因。

四、牛顿惯性定律的建立

牛顿 1661 年进入剑桥大学学习亚里士多德的运动论， 1664 年他从事力学的研究，摆脱了亚里士多德的影响。他继续了伽利略重视实验和逻辑推理的研究方法，他也继续了笛卡尔的研究成果。他深入地研究了碰撞问题、圆周运动以及行星运动等问题，澄清了动量概念和力的概念。 1687 年出版著作《自然哲学的数学原理》，以"定义"和"公理，即运动定律"为基础建立起把天上的力学和地上的力学统一起来的力学体系。惯性定律就是牛顿第一定律，表述为"所有物体始终保持静止或匀速直线运动状态，除非由于作用于它的力迫使它改变这种状态。"惯性定律真正成为力学理论的出发点。

牛顿非常谦虚，他认为自己之所以总结出牛顿第一定律是因为站在巨人肩膀上的缘故。这虽有一定道理，但掩盖不了他的贡献：他将对力与运动关系的探究在前面两位的基础上更进了一步。他认为保持匀速直线运动状态和静止状态是所有物体的固有属性（就是惯性），直到有外力的作用，它才会改变这种状态。

牛顿的贡献在于他提出了保持匀速直线运动状态和静止状态是物体的固有属性的观点，以及从中得出的惯性参照系的概念。

根据惯性定律，物体具有保持原有运动状态的属性，这种属性称为惯性。不仅静止的物体具有惯性，运动的物体也具有惯性；物体惯性的大小用其质量大小来衡量。至此，人们对于物体惯性的认识达到第一阶段比较完善的程度。从此，人们对于运动中的种种惯性现象都能很好地理解；在实际中设计出种种利用惯性造福和防止惯性伤害的措施。

问题与练习

1. 下列说法正确的是（　　）。

A. 不受力的物体不可能运动，故力是物体运动的原因

B. 受力大的物体速度大，故力是决定物体速度大小的原因

C. 力是保持物体运动的原因，如果物体不受力的作用，它只能保持静止不能保持运动状态

D. 力是物体运动状态发生变化的原因

2. 在公路上行驶的车辆突然刹车时，乘客向前倾倒。这是因为（　　）。

A. 当乘客随车前进时已经受到一个向前的力，这个力在刹车时继续起作用

B. 在刹车时，车辆对乘客施加一个向前的力

C. 车辆具有惯性，因而促使乘客向前倾倒

D. 乘客具有惯性，要保持原有的运动而车辆突然减速

3. 平直轨道上匀速行驶，门窗紧闭的车厢内有一人向上跳起，发现仍落回原处，这是因为（　　）。

A. 人跳起后，车厢内空气给他一向前的力，带动他随同火车一起向前运动

B. 人跳起的瞬间，车厢地板给他一个向前的力，推动他随车一起向前运动

C. 人跳起后，车继续向前运动，所以人落下后必定偏后一些，只是由于时间很短，偏向距离太小不明显而已

D. 人跳起后直到落地，在水平方向上人和车始终有相同的速度

4. 踢出的冰块以 2m/s 的速度在阻力可以忽略不计的水平冰面上滑动，问冰块受不受向前的作用力？5s 后它的速度为多少？

5. 举例说明惯性在工程技术中的应用。

3.2　牛顿第二定律

（1）加速度和力

牛顿第一定律告诉我们，力是改变物体运动状态的原因。也就是说，物体受到力的作用，其运动速度就要变化，速度发生变化就产生加速度，因此，**力是使物体产生加速度的原因**。

既然力是产生加速度的原因，那么力和加速度的定量关系如何呢？

一辆停在地面上的车，如果用较小的力去推它，它启动得很慢，即速度变化比较慢，加速度小；如果用较大的力去推它，它启动得快，即速度变化快，加速度大。骑自行车时，用较小的力缓缓刹车，车需要较长的时间才能停下来，速度减小的慢，加速度小；如果用较大的力紧急刹车，车很快就停下来，速度减小得快，加速度大。可见，一定质量的物体受到的外力越大，产生的加速度就越大。

进一步实验研究表明：当物体的质量一定时，物体的加速度跟物体所受的外力成正比，即

$$m 不变, a \propto F, 或者 \frac{a_1}{a_2} = \frac{F_1}{F_2}$$

加速度和力都是矢量，加速度的方向与外力的方向相同。

（2）加速度和质量

物体的加速度不仅跟它受到的外力有关，而且还跟物体本身的质量有关。

假如有一辆车在相同的牵引力作用下启动，一次空载，质量较小，一次装满货物，质量较大，忽略不计阻力时，空车启动得快，加速度大；满载车启动得慢，加速度小。若两车以相同的速度运动，在相同的制动力作用下，空车在较短的时间内就能停下来，速度减小得快，加速度大；满载车需要经较长的时间才能停下来，速度减小得慢，加速度小。可见，当物体受到的外力一定时，质量越大，物体得到的加速度越小。

进一步实验研究表明：当作用在物体上的外力一定时，加速度跟物体的质量成反比。即

$$F 不变，a \propto \frac{1}{m}，或者\frac{a_1}{a_2}=\frac{m_2}{m_1}$$

上式表明：在相同的外力作用下，质量大的物体产生的加速度小，也就是说它的速度不易改变，惯性大；质量小的物体产生的加速度大，也就是说它的速度容易改变，惯性小。总之质量大，物体惯性大；质量小，物体惯性小。**质量是惯性大小的量度。**

(3) 牛顿第二定律

通过上面的分析知道，物体的加速度跟物体受到的外力和物体的质量有关，总结上面的结果，我们可以得到下述的结论：

物体的加速度跟物体所受到的外力成正比，跟物体的质量成反比；加速度的方向跟外力的方向相同。这就是牛顿第二定律。用数学式表示是

$$a \propto \frac{F}{m} \quad 或写成 a = k\frac{F}{m}$$

式中 k 为比例系数，若采用国际单位制单位计量，即质量 m 用 kg，加速度用 m/s²，力用 N，则可使 $k=1$。于是，牛顿第二定律的数学表达式简化为

$$F = ma$$

一般说来，一个物体往往不只受到一个力的作用，当物体同时受到几个力共同作用时，总可以找出这几个力的合力来等效替代它们。因此，在关系式中，F 是作用在物体上的合力，这样牛顿第二定律可以进一步表述为：

物体的加速度跟物体受到的合外力成正比，跟物体的质量成反比；加速度的方向跟合外力方向相同。即

$$F_合 = ma$$

牛顿第二定律表明：只有物体受到外力作用，物体才有加速度；外力恒定不变时，加速度也恒定不变；外力随时间改变时，加速度也随之改变；在某一时刻，外力停止作用，加速度也随之消失，物体由于惯性，将保持该时刻的运动状态不再改变。

[例 3-1] 载重汽车空载时，质量 $m=4000\text{kg}$，能以 $a_1=0.3\text{m/s}^2$ 的加速度启动。设汽车所受的合外力保持不变，当它所载货物的质量是多少时，启动加速度变为 $a_2=0.2\text{m/s}^2$。

分析：汽车启动过程中，合外力不变，汽车启动的加速度跟汽车的质量成反比。由 $\dfrac{a_1}{a_2}=\dfrac{m_2}{m_1}$，求出满载货物车的总质量 m_2，再减去空车质量 m 即得到所载货物质量。

解：汽车两次运动过程中，合力相同。

根据 $\dfrac{a_1}{a_2}=\dfrac{m_2}{m_1}$ 可得

$$m_2=\dfrac{a_1}{a_2}m_1=\dfrac{0.3}{0.2}\times 4000=6000\,(\text{kg})$$

所以货物的质量 $m=m_2-m_1=6000-4000=2000\,(\text{kg})$

[例3-2] 如图3-3所示，某人用大小为44N的水平推力，推着质量为20kg的木箱在水平地面上滑动。若地面对木箱的摩擦阻力为22N，求木箱前进的加速度。

分析：木箱沿水平面运动，选取木箱为研究对象。木箱受到四个力的作用：重力、支持力、水平推力和摩擦阻力。在竖直方向上，重力和支持力大小相等，方向相反，二者平衡；在水平方向上，木箱所受的合力 $F_{合}=F-f$，该合力产生木箱前进的加速度。由牛顿第二定律即可求出加速度。

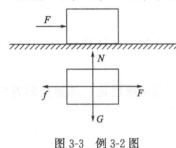

图3-3 例3-2图

解：选取木箱为研究对象，对木箱进行受力分析如图3-3所示。

选木箱运动方向为正方向。

根据 $F_{合}=ma$ 知

$$F-f=ma$$

所以 $a=\dfrac{F-f}{m}=\dfrac{44-22}{20}=1.1\,(\text{m/s}^2)$

$a>0$，表明木箱的加速度方向与运动方向相同。

问题与练习

1. 从牛顿第二定律知道，无论多么小的力，都可以使物体产生加速度，可是当你用力去推堆放在地面的集装箱之类的重物时，它却"纹丝不动"。这种情况是否违背牛顿第二定律？为什么？

2. 一个物体受到 $F_1=4\text{N}$ 的力，产生 $a_1=2\text{m/s}^2$ 的加速度，要使它产生 $a_2=3\text{m/s}^2$ 的加速度，需要施加多大的力？

3. 甲、乙两辆小车，在相同的力作用下，甲车产生的加速度为 1.5m/s^2，乙车产生的加速度为 4.5m/s^2，甲车的质量是乙车的几倍？

4. 质量为1kg的物体，放在光滑的水平桌面上，在下列几种情况下，物体的加速度分别是多少？方向如何？

A. 受到一个大小是 10N，方向水平向右的力
B. 受到两个大小都是 10N，方向水平向右的力
C. 受到一个大小是 10N、方向水平向左和一个大小是 7N、方向水平向右的两个力的作用
D. 受到大小都是 10N，方向相反的两个力的作用

3.3 牛顿第三定律

(1) 作用力和反作用力

百米赛跑时，运动员用力蹬起跑器，起跑器使运动员迅速起跑；如果我们不小心一掌拍在钉尖上，手掌对钉子施加了力，但使我们难以忘怀的还是鲜血淋漓的手，说明钉子对手掌也施加了力的作用。大量事实表明物体之间的力总是相互的，一个物体对另一个物体施加了力，同时另一个物体也对这个物体施加力的作用。我们把物体之间相互作用的这对力称为**作用力和反作用力**。其中一个叫作用力的话，另一个就叫做这个力的反作用力。

作用力和反作用力总是同时出现，同时消失，并且是性质相同的力。如图 3-4 所示，在天花板上，用绳子悬挂着一提篮，提篮和绳受到的作用力和反作用力。

作用力和反作用力分别作用在不同的物体上。如绳子对篮子的拉力是篮子受到的力，而该力的反作用力即篮子对绳的拉力是绳子受到的力。

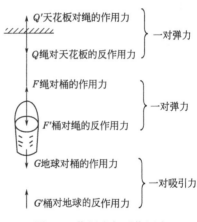

图 3-4　作用力与反作用力

(2) 牛顿第三定律

作用力和反作用力的大小和方向之间存在什么关系呢？让我们仔细观察以下实验。

观察实验

如图 3-5 所示，两个弹簧秤 A 和 B 连接在一起，用手拉弹簧秤 A，可以看到两个弹簧秤指针同时移动。显然，弹簧秤 A 的示数指示弹簧秤 B 对 A 的拉力大小，弹簧秤 B 的示数指示弹簧秤 A 对 B 的拉力，两个力是作用力和反作用力的关系。仔细观察发现，两个弹簧秤的示数是相等。改变手拉弹簧秤的力，弹簧秤的示数随之改变，但是示数总是相等。这说明作用力和反作用力总是大小相等、方向相反。

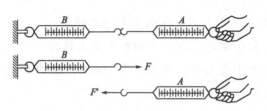

图3-5 作用力与反作用力演示实验

牛顿通过对大量的实验分析总结指出：

两个物体之间的作用力和反作用力总是大小相等，方向相反，作用在一条直线上。这就是牛顿第三定律。即

$$F = -F'$$

式中"—"表示作用力和反作用力的方向相反。

值得注意的是，尽管作用力和反作用力大小相等，方向相反，但二者不能相互抵消，因为它们分别作用在不同的物体上。这与我们初中学习过的二力平衡不同。

牛顿第三定律在生活和生产中得到广泛的应用。例如人走路时用脚蹬地面，脚对地面施加一个作用力，地面同时给脚一个反作用力，使人前进；划船时，船桨用力向后划水，水同时对船桨施加一个反作用力，推动船前行。

[例3-3] 书本静放在水平桌面上，分析书本受到的力，并指明它们的反作用力各是作用在什么物体上。

分析：以书本为研究对象，书本在水平桌面上受到两个力：重力及桌面对书本的支持力。书本的重力是地球对书本的作用力，它的反作用力是书本对地球的力，支持力的反作用力是书本对桌面的压力。

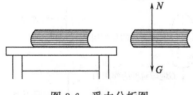

图3-6 受力分析图

解：以书本为研究对象，受力如图3-6所示，书本受到的重力 G 的反作用力是书本对地球的力 G'，二者大小相等，方向相反，都是引力。

书受到的支持力 N 的反作用力是桌面受到的书本对桌面的压力 N'，二者大小相等，方向相反，都是弹力。

问题与练习

1. 有人说"施力物体同时也一定是受力物体。"这句话对吗？举例说明原因。
2. 用牛顿第三定律判断下列说法是否正确。

A. 马拉车时，由于马向前拉车的力等于车向后拉马的力，二力平衡了，所以无论马用多大的力都拉不动车；（　　）

B. 只有站在地上不动，人对地面的压力和地面对人的支持力，才是大小相等，方向相反的；（ ）

C. 以卵击石，鸡蛋破了而石头却安然无恙，这是因为石头对鸡蛋的作用力大于鸡蛋对石头的作用力；（ ）

D. 物体 A 静止在物体 B 上，$m_A = 100 m_B$，所以 A 作用于 B 的力大于 B 作用于 A 的力。（ ）

3. 把一个物体挂在弹簧秤上并保持静止，试说明为什么弹簧秤对物体的拉力等于物体受到的重力？

3.4 牛顿运动定律的应用

牛顿运动定律确定了力和运动的关系，是研究机械运动的基本定律。如果已知物体的受力情况，根据牛顿第二定律可求出运动的加速度进而由运动学公式知道物体的运动情况；反之，如果已知物体的运动情况，根据运动学公式可求出加速度，再应用牛顿运动定律从而求出物体的受力情况。

下面举例说明牛顿运动定律的应用。

[例 3-4] 一架喷气飞机，载客后的总质量为 1.25×10^5 kg，喷气机的总推力为 1.3×10^5 N，飞机所受的阻力为 5×10^3 N。飞机在水平跑道上滑行了 60s 后起飞，求起飞时的速度和起飞前飞机滑行的位移。

分析：选取喷气飞机为研究对象，分析飞机运动过程中受到的力。飞机滑行过程中受到四个力的作用：重力 G，方向竖直向下；支持力 N，方向竖直向上；推力 F，方向与运动方向相同；阻力 f，方向与运动方向相反，如图 3-7 所示。

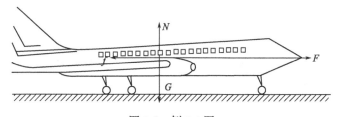

图 3-7　例 3-4 图

飞机滑行时，在竖直方向上没有运动，竖直方向上的力彼此平衡，飞机所受到的合外力等于飞机在运动方向上受到的推力 F 和阻力 f 的合力。若规定飞机滑行方向为正方向，则合力 $F_合 = F - f = 1.3 \times 10^5 - 5 \times 10^3 = 1.25 \times 10^5$ (N)，其方向与滑行方向相同。

飞机原来是静止的即 $v_0 = 0$，在恒定的合力作用下，产生恒定的加速度，飞机做初速度为零的匀加速直线运动。

解：选取飞机为研究对象，受力分析如图 3-7 所示。

规定飞机向前滑行的方向为正方向

根据 $F_{合}=ma$ 得

$$F-f=ma$$

所以 $a=\dfrac{F-f}{m}=\dfrac{1.3\times 10^5-5\times 10^3}{1.25\times 10^5}=1(\text{m/s}^2)$

飞机滑行是初速度为零的匀加速直线运动

由 $v=v_0+at$ 和 $s=v_0t+\dfrac{1}{2}at^2$ 得

$$v=at=1\times 60=60(\text{m/s})$$

$$s=\dfrac{1}{2}at^2=\dfrac{1}{2}\times 1\times 60^2=1.8\times 10^3(\text{m})$$

[例 3-5] 质量 $m=75\text{kg}$ 的滑雪者，沿倾角 $\theta=30°$ 的山坡匀加速滑下。已知滑雪的初速度 $v_0=2\text{m/s}$，且在 $t=5\text{s}$ 的时间内滑下的路程 $s=60\text{m}$，求滑雪者受到的阻力。

分析：本题目是已知物体运动情况，求未知力。

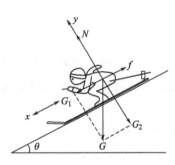

图 3-8 例 3-5 图

选取滑雪者为研究对象，滑雪者下滑过程受到三个力的作用：重力 G，方向竖直向下；山坡的支持力 N，方向垂直于山坡指向滑雪者；阻力 f，方向沿山坡向上，如图 3-8 所示。

滑雪者在垂直于山坡方向没有运动，仅沿山坡滑动，所以滑雪者在垂直于山坡方向上受到的力彼此平衡。滑雪者受到的合力等于滑雪者在沿山坡方向上的合力。将重力 G 沿山坡方向和垂直于山坡方向分解，得到 $G_1=mg\sin\theta$、$G_2=mg\cos\theta$，规定沿山坡下滑的方向为正方向，滑雪者受到的合力为 $F_{合}=G_1-f$，滑雪者在该合力的作用下产生加速度，沿山坡做匀加速滑动。

由运动学公式求出运动的加速度，再根据牛顿第二定律即可求得未知力。

解：以滑雪者为研究对象，受力情况如图 3-8 所示。

将重力 G 沿山坡方向和垂直山坡方向分解得

$$G_1=mg\sin\theta$$
$$G_2=mg\cos\theta$$

规定滑雪者沿山坡下滑的方向为正方向

根据 $F_{合}=ma$ 知道

$$G_1-f=ma$$
$$N-G_2=0$$

又由运动学公式 $s=v_0t+\dfrac{1}{2}at^2$ 得

$$a = \frac{2(s - v_0 t)}{t^2} = 4 (\text{m/s}^2)$$

将已知条件代入 $G_1 - f = ma$ 得

$$f = G_1 - ma = mg\sin\theta - ma = 67.5 (\text{N})$$

[例 3-6] 如图 3-9 所示，质量为 50kg 的人站在升降机上测量体重。若升降机以 0.5m/s^2 的加速度匀加速上升，求测力计的示数。

分析：通常，我们在地面上静止的站在测力计测量自身体重，测力计的示数等于自身重量。现在在加速上升的升降机中测量又如何呢？测力计的示数指的是人对测力计的压力，而人对测力计的压力和测力计对人的支持力是作用力和反作用力。人和升降机一起运动，具有共同的加速度。此时，人受到重力和支持力的作用，根据牛顿第二定律列方程即可求出支持力，再根据牛顿第三定律就可知测力计的示数。

解：以站在测力计上的人为研究对象，受力如图 3-9 所示，规定升降机向上为正方向。

根据牛顿第二定律得

$$F - G = ma$$

由此可得

$$F = G + ma = m(g + a)$$

代入数值得到

$$F = 50 \times (9.8 + 0.5) = 515 (\text{N})$$

又由牛顿第三定律得

$$-F' = F = -515\text{N}$$

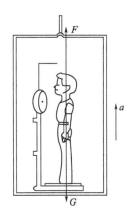

图 3-9 站在升降机里测体重

"—"表示人对测力计的压力方向与测力计对人的支持力方向相反。

讨论：

(1) 升降机加速上升时，$F = m(g + a) > mg$，测力计示数比人实际受到的重力大。这种情形称为超重现象。

(2) 升降机加速下降时，同理计算得 $F = m(g - a) < mg$，测力计示数比人实际的重力小，这种情形称为失重现象。

特殊地，若升降机做自由落体运动，则 $F = 0$，即测力计示数为零，这种情形称为完全失重现象。宇航员在宇宙飞船中就是处于完全失重状态。

(3) 升降机匀速运动时，此时 $a = 0$，$F = mg$，测力计的示数等于人实际的自身重量。

应当注意的是：不论是超重，还是失重，地球作用于物体的重力始终存在，大小不变，只是物体对支持物的压力看起来好像比物体的重量有所增大或减小。

通过上面的例题看出，利用牛顿运动定律解题时的一般步骤是：

(1) 明确研究对象；

(2) 分析研究对象受到的力和加速度；

(3) 根据牛顿运动定律和运动学公式列方程；
(4) 解方程或方程组，求得结果。

> **物理万花筒**
>
> ### 牛顿给我们的启示
>
> 在物理及其他科学的学习过程中中，我们肯定不止一次接触到牛顿这一非同凡响的名字。牛顿是英国伟大的物理学家、数学家和天文学家和哲学家，提出过万有引力定律、力学三大定律、白光由各色光组成的理论，并开创了微积分学等。在迈克尔·怀特所著的《影响人类历史进程的100名人》一书中，艾萨克·牛顿（1642—1727年）被列为最具影响力人物之第二，排在穆罕默德之后，耶稣基督之前。他之所以能够获得如此殊荣，当然是因为他对科学发展的杰出贡献。
>
> 在群星灿烂的科学世界里，牛顿堪称为北斗级的科学巨奖，从牛顿那里我们能得到哪些启示呢？
>
> 一、爱科学、爱读书、爱发明制作，终使他跨进科学殿堂
>
> 少年时的牛顿并不是神童，他资质平常、成绩一般，但他喜欢读书，喜欢看一些介绍各种简单机械模型制作方法的读物，并从中受到启发，自己动手制作些奇奇怪怪的小玩意，如风车、木钟、折叠式提灯等。他还分门别类的记读书笔记，又喜欢别出心裁的作些小工具、小技巧、小发明、小试验。由于家境不太好，他的母亲曾尝试让他当农民和商人，可牛顿对务农、经商等毫无兴趣，他的兴趣全在科学和实验方面，因而在务农和经商方面显得很"无能"，不得已家人就让他继续完成中学学业，并鼓励他到剑桥大学去深造。走进大学的牛顿如鱼得水，开始了在知识海洋的遨游。
>
> 二、对科学的热爱达到了痴迷的程度
>
> 专注、专心是做好事情的基础，牛顿对于科学研究的专心到了痴情的地步。据说有一次牛顿煮鸡蛋，他一边看书一边干活，糊里糊涂地把一块怀表扔进了锅里，等水煮开后，揭盖一看，才知道错把怀表当鸡蛋煮了。还有一次，一位来访的客人请他估价一具棱镜。牛顿一下就被这具可以用作科学研究的棱镜吸引住了，毫不迟疑地回答说："它是一件无价之宝！"客人看到牛顿对棱镜垂涎三尺，表示愿意卖给他，还故意要了一个高价。牛顿立即欣喜地把它买了下来，管家老太太知道了这件事，生气地说："咳，你这个笨蛋，你只要照玻璃的重量折一个价就行了！"
>
> 正是牛顿潜心于科学、宇宙的探究，使他错过了两次甜蜜的爱情。牛顿实在太忙了，他连做梦想的都是宇宙、科学。他往往领带不结、鞋带不系好、马裤也不扣好，就走进大学餐厅。科学上许多新的问题不断扑向牛顿的脑海，他整个热情都集中到了科学事业上。可以说，每一个伟大的科学家，都是富有激情、富有理想的诗人，但牛顿是一个追求用科学中的光线谱来解释他的理想的特殊类型的诗人。他让他的思想展翅飞翔，以整个宇宙作为藩篱。在他的整个心田里，填满了自然、宇宙，也许这是他终身未娶的最根本原因。

三、低调、谦虚的牛顿

牛顿虽然是科学巨匠，但做人很低调。对于他的发明和发现，他这样说："我不知道在别人看来，我是什么样的人，但在我自己看来，我不过就像是一个在海滨玩耍的小孩，为不时发现比寻常更为光滑的一块卵石或比寻常更为美丽的一片贝壳而沾沾自喜，而对于展现在我面前浩瀚的真理海洋，却全然没有发现。"

四、神灵夺走了牛顿的创造力

晚年的牛顿开始致力于对神学的研究，他否定哲学的指导作用，虔诚地相信上帝，埋头于写以神学为题材的著作。当他遇到难以解释的天体运动时，提出了"神的第一推动力"的理论。他说"上帝统治万物，我们是他的仆人而敬畏他、崇拜他"。当时科学不够发达，神学盛行，处在那个时代的牛顿，信仰神学也就不足为怪了。现在我们知道，在浩瀚的宇宙空间，没有什么上帝和神灵的存在，只有人类还未知的自然之谜，科学是我们人类认识自然、改造自然的最好武器。

问题与练习

1. 质量为 $4×10^3$ kg 的汽车由静止开始在发动机牵引力作用下，沿平直公路行驶。若已知发动机的牵引力是 $1.6×10^3$ N，汽车受到的阻力是 $8×10^2$ N，求汽车开动后速度达到 10m/s 所需时间和在这段时间内汽车所通过的位移。

2. 一辆质量为 $3×10^3$ kg 的汽车以 20m/s 的速度前进，要使它在 30s 内匀减速地停下来，它要受多大的阻力？

3. 滑雪运动员从静止开始沿山坡匀加速滑下，2s 内滑下 2.6m，山坡的倾角为 30°，运动员和他全部装备的总质量是 60kg，求滑下时滑雪者所受到的摩擦力。

4. 一台起重机的钢丝绳可承受 $1.4×10^4$ N 的拉力，用它起吊重 $1×10^4$ N 的货物，若使货物以 1m/s² 的加速度上升，钢丝绳是否会断裂？

3.5 牛顿运动定律的适用范围

以牛顿运动定律为基础的经典力学建立于 17 世纪，三百年来，经典力学在生产实践和科学技术各领域得到了广泛的应用。从地面上汽车、火车等现代交通工具的运动到空中飞机的飞行、行星的运动；从设计各种机械到修桥筑坝，建楼立塔；从抛出物体运动到人造地球卫星、宇宙飞船的发射等都很好地服从经典力学规律。经典力学在处理宏观物体低速运动的问题上展示出其无比的优越性。

但是一切物理规律都有一定的适用范围。随着人们对物质世界认识的深入，面对在新的研究领域发现的新现象、新问题,牛顿运动定律就显得无能为力了。

19世纪末,人们开始探索物质世界的微观领域,研究发现,像电子、质子、中子等微观粒子不仅具有粒子性,而且具有波动性,经典力学不能解释微观粒子的运动规律。20世纪初,量子力学应运而生,成功解释了微观粒子的运动规律,并推动科学技术纵深发展。

当物体的运动速度接近光速时,物体的质量并非一成不变,经典力学无法解释其原因。20世纪初,著名物理学家爱因斯坦提出了狭义相对论,指出物体的质量与运动速度有关,对于高速运动的问题可利用相对论力学来处理。

相对论和量子论是20世纪人类最伟大的发现。它们的建立开创了人们认识微观世界和宇宙天体的新纪元。这说明人类对自然界的认识更加深入,并非表示经典力学就失去意义。总之,**以牛顿运动定律为基础的经典力学仅适用于研究宏观物体低速运动的问题**。

3.6 狭义相对论简介

建立在牛顿运动定律基础上的经典力学成功解决了宏观物体低速运动问题,而在研究高速运动以及微观粒子运动问题时,却遇到了严峻的挑战。20世纪初,物理学家爱因斯坦在分析总结前人成果的基础上,大胆突破经典力学的时空限制,提出狭义相对论,令人信服地处理了高速运动的问题,并被广泛应用于微观粒子和宇宙天体等方面的研究中。

(1) 惯性参考系

狭义相对论是对惯性参考系而言的。因此,我们首先来明确何谓惯性参考系?

描述物体的运动,必须选择参考系。参考系的选择是任意的,选择不同的参考系,描述的物体的运动情况不同,这是运动的相对性,但是确定运动和力的关系的牛顿运动定律并不是对任何参考系都成立的。

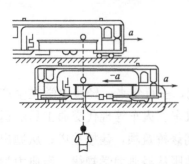

图 3-10 放在车厢光滑桌面上的小球的运动

如图3-10,在车厢的光滑桌面上放一个小球,车厢相对地面以加速度 a 向右做加速运动。考察小球的运动,既可以以地面为参考系,也可以以车厢为参考系,从地面上看来,小球保持静止,小球所受的合外力为零;从车厢看来,小球将向左做加速运动,而小球并没有受到其他物体的作用力。显然,牛顿运动定律对于地面参考系成立,而对于加速运动的车厢参考系不成立。

牛顿运动定律成立的参考系称为**惯性参考系**,简称惯性系；牛顿运动定律不成立的参考系称为**非惯性参考系**，简称非惯性系。研究地面上物体运动时，地面参考系通常可以认为是惯性系，研究行星的公转时，太阳可认为是惯性系。实验和理论证明：相对于某惯性系做匀速直线运动的一切参考系都是惯性系。

(2) 狭义相对论的基本原理

狭义相对论建立在两个基本原理基础之上，这两个基本原理是：

① 相对性原理：在所有惯性系中，物理定律的形式都相同。

② 光速不变原理：在所有惯性系中，光在真空中的传播速度恒为 $c=3\times10^8 \mathrm{m/s}$，与光源的运动无关。

相对性原理表明：无论是力学规律，还是电磁运动规律以及一切物理现象对任何的惯性系都成立，具有相同的表达形式。

光速不变原理表明：当光源与观察者相对静止时，测得光速是 c；当光源与观察者相对运动时，测得的光速仍为 c。光速与光源、观察者的运动无关。光速不变原理是经典力学所无法解释的，但近代物理实验已经证明是正确的。

(3) 狭义相对论的时空观

经典力学认为时间和空间与物体的运动无关，并且彼此独立，一成不变的。这一观点称为绝对时空观。但根据狭义相对论的两个基本原理，可以得出时间、空间的相对性概念。

① 长度的收缩　如图 3-11 所示，两个惯性系 k 和 k'，k' 系以速度 v 相对于 k 系做匀速直线运动，现有一根细棒静止于 k' 系中且沿相对速度 v 的方向放置，在 k' 系中测得棒的长度为 λ_0，在 k 系中测得棒的长度为 λ，利用相对性原理可得到

$$\lambda=\lambda_0\sqrt{1-\frac{v^2}{c^2}}$$

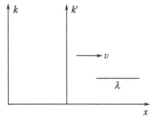

图 3-11　长度的收缩

显然 $\lambda<\lambda_0$，即运动棒的长度比静止时缩短了。

当棒垂直于相对运动方向放置时，在动系和静系中测得的棒的长度完全相同。

由此可见空间长度与物体运动相关。

② 时钟的延缓　若在 k' 系中放置一只时钟，k' 系中测得同一地点发生的某一事件所经历的时间 τ_0，而相对于 k' 系运动的 k 系中测量同一事件所经历的时间为 τ，则有 $\tau=\dfrac{\tau_0}{\sqrt{1-\dfrac{v^2}{c^2}}}$。

显然，运动时钟的走时比静止时慢些。运动时钟变慢的效应已为实验所证实。

从上面的结论可以看出，只有运动速度 v 接近光速时，才比较显著，在低速运动

情况下，即 $v \ll c$ 时间、空间变化很小，可认为不变，时间、空间与运动无关，这就是经典力学时空观。

(4) 狭义相对论的质量-速度关系

经典力学认为物体的质量与运动速度无关，是固定不变的，但根据狭义相对论的基本原理，结合动量守恒定律可推导出质量与运动速度的关系。即

$$m = \frac{m_0}{\sqrt{1 - \frac{v^2}{c^2}}}$$

式中　m_0——物体静止时的质量（静质量）；
　　　m——物体运动时的质量（动质量）。

从上式可知，物体的质量随运动速度的增加而增大。这一结论也已被实验所证实。

总之，狭义相对论认为时间、空间、质量都与物体的运动速度有关，且彼此关联。这与经典力学形成鲜明的对照，但狭义相对论绝不是完全否定经典力学的观点，当物体运动速度远远小于光速时，狭义相对论自然过渡到经典力学时空观，因此经典力学研究仍具有现实意义。

问题与练习

1. 狭义相对论的基本原理是什么？
2. 何谓狭义相对论的时空观？狭义相对论的质量与速度关系怎样？
3. 以速度 v 向着大熊星座匀速运动的飞船，从飞船上发射的光，其光速是多大？

 物理万花筒

爱因斯坦和相对论

爱因斯坦是 20 世纪著名的物理学家，1879 年出生于德国一个犹太人家庭。他在少年时代，就勤奋好学，喜爱读书，尤其对自然科学充满浓厚的兴趣，对自然现象具有敏锐的洞察力。他在科学研究中，谦虚谨慎，严谨求实，面对挫折和失败从不气馁，敢于叛经离道，勇于创新，为物理学的发展作出了杰出的贡献，取得举世瞩目的成就。在他的一生中，除了孜孜不倦地从事科学研究之外，还为人类的和平事业奋笔疾呼，积极参加正义的社会斗争。他那不慕虚荣、不计名利的高尚情操为我们留下了宝贵的精神财富。

爱因斯坦在物理学的许多领域都有重大贡献。1905年他将普朗克的量子理论应用于光电效应研究中,提出光的量子理论,指出光的波粒二象性,不仅成功解释了光电效应,而且发展了量子理论。1921年密里根通过实验证实光电效应理论的正确性,由此爱因斯坦荣获本年度诺贝尔物理学奖金。1905年在他的论文《论动体的电动力学》中,首次提出狭义相对论时空观点,揭示了空间和时间的本质联系,同年又提出质能关系,从而创立了狭义相对论。这一理论引起了物理学的伟大变革,并且为核能开发和利用开辟了道路。狭义相对论建立后,他并不感到满足,试图把相对性原理推广到非惯性系中,他从伽利略对自由落体运动的研究中找到了突破口,于1915年建立了广义相对论,进一步揭示了空间、时间、物质、运动的统一性。广义相对论的建立推动现代天体物理学和宇宙学的迅速崛起,开创了现代宇宙学研究的新纪元。此外,他在1916年提出的受激辐射理论为激光技术的发展奠定了基础,1924年又发展了量子统计理论,他努力探索的统一场论的思想指出了现代物理学发展的一个重要方向。另外他在热学研究领域也取得了具有划时代意义的贡献。

爱因斯坦之所以取得这样伟大的科学成就,用他自己的话说:"早在1901年,我还是22岁的青年时,我已经发现了成功的公式。我可以把这个公式告诉你,那就是 A = X + Y + Z! A 就是成功, X 就是努力工作, Y 是懂得休息, Z 是少说废话。这个公式对我有用,我想对许多人也是一样有用。"

本章小结

一、知识要点

1. 牛顿第一定律:$F_合=0$,$a=0$,$v=$恒量

牛顿第一定律表明物体具有惯性以及力是改变物体运动状态的原因。

2. 牛顿第二定律:$F_合=ma$

牛顿第二定律确定了力、加速度、质量的关系,揭示了力和运动的瞬时效应。

3. 牛顿第三定律:$F=-F'$

牛顿第三定律指出力是相互的,作用力和反作用力总是同时出现,同时消失,它们是同一性质的力,但分别作用在不同的物体上,二者不能彼此平衡。

二、知识技能

1. 理解牛顿运动定律的内容及物理意义,会利用牛顿运动定律解决匀变速直线运动问题。

2. 了解狭义相对论的基本原理以及时空观点。

课后达标检测

一、选择题

下列各题所列四个选项中，只有一个答案是正确的，请选择出正确答案的序号填在题后的括号内。

1. 下面关于速度、加速度关系的说法，正确的是（　　）。

   A. 速度大，加速度一定大　　　　B. 速度变化量大，加速度一定大

   C. 加速度为零，速度一定不变　　D. 加速度就是速度的增加

2. 轻、重不同的物体从同一高度做自由落体运动，则（　　）。

   A. 轻的物体先落地　　　　　　　B. 轻、重两物体同时落地

   C. 重的物体先落地　　　　　　　D. 无法确定

3. 三个共点力 F_1、F_2、F_3，同时作用在物体上，物体处于平衡状态。若撤去 F_3，则物体将（　　）。

   A. 沿 F_1 的方向产生加速度　　　B. 沿 F_2 的方向产生加速度

   C. 沿 F_3 的方向产生加速度　　　D. 沿 F_3 的反方向产生加速度

4. 汽车拉着拖车前进，汽车对拖车的作用力为 F，拖车对汽车的作用力为 T。则可判定 F 和 T 的大小关系是（　　）。

   A. $F>T$　　　　B. $F<T$　　　　C. $F=T$　　　　D. 无法确定

5. 关于惯性的大小，下面的说法正确的是（　　）。

   A. 两个质量相同的物体，在阻力相同的情况下，速度大的不容易停下来，所以速度大的物体惯性大

   B. 两个质量相同的物体，不论速度大小，惯性一定相同

   C. 推动地面上静止的物体，要比维持这个物体做匀速运动所需的力大，所以物体静止时惯性大

   D. 在月球上举重比在地球上容易，所以质量相同的物体在月球上比在地球上惯性小

6. 关于运动和力的关系，下面说法正确的是（　　）。

   A. 物体在恒力作用下，运动状态不变

   B. 物体受到不为零的合力作用时，运动状态发生变化

   C. 物体受到合力为零时，一定处于静止状态

   D. 物体的运动方向与其所受合力的方向相同

7. 一只茶杯静止在水平桌面上，则（　　）。

   A. 它所受的重力与桌面的支持力是作用力和反作用力

   B. 它对桌面的压力与桌面的支持力是作用力和反作用力

C. 它所受的重力与桌面的支持力是一对平衡力

D. 它所受的重力与它对地球的吸引力是一对平衡力

二、填空题：

1. 力的作用效果是_____。

2. 两个大小一定的共点力，在方向_____时，合力最大；在方向_____时，合力最小。

3. 摩擦力的方向总是与_____方向或_____方向相反。

4. 水平地面上静止放置一只木箱500N，有人用400N的力竖直向上提它，则木箱受到的合力是_____。

5. 某运动员绕半径为50m的圆形跑道跑步，跑了10圈整，总共用时间10min，运动员通过的路程是_____m，位移大小是_____；他跑步的平均速度是_____。

6. 匀速直线运动的加速度大小是_____；匀加速直线运动的加速度方向与_____相同；自由落体运动的加速度大小是_____，方向是_____。

7. 一辆汽车质量为10^3kg，刹车时速度为15m/s，刹车过程中所受阻力为$6×10^3$N，则汽车经过_____s才能停下来。

8. 甲、乙两物体质量之比为1∶2，所受合外力之比是1∶2，从静止开始发生相同位移所用时间之比是_____。

9. 质量为$8×10^3$kg的汽车，以$1.5m/s^2$的加速度做匀加速直线运动，若所受阻力为$2.5×10^3$N，则汽车的牵引力是_____N。

三、计算题：

1. 火车以5m/s的初速度在平直的铁轨上做匀加速直线运动，行驶500m时，速度增加到15m/s，求火车加速时间和火车运动的加速度。

2. 一辆汽车原速为15m/s，质量为10^3kg，急刹车做匀减速直线运动时，受到的阻力为$6×10^3$N，问汽车刹车后经多长时间才能停下来？汽车刹车通过的位移是多大？

3. 重500N的木箱放在水平地面上，某人用大小为200N，方向与水平面成30°角的推力推它，木箱匀速前进，如图3-12所示。求木箱受到的摩擦力和地面所受的压力。

4. 飞机在平直跑道上匀加速滑行了1km达到起飞速度80m/s。若已知飞机的质量为5t，不计摩擦阻力，则飞机的加速时间和牵引力各是多少？

5. 交通民警在处理交通事故时，常常测量汽车在路面上的擦痕，以此断定刹车速度大小。若已知一辆卡车质量为3t，轮胎与公路的滑动摩擦系数为0.9，刹车擦痕长为8m，求卡车刹车时的最小速度。

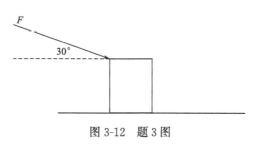

图3-12 题3图

第 4 章

功和能

在初中,我们已经学习过功和能量的初步知识,知道功和能有着密切的联系。如果一个物体能够做功,我们就说它具有能量。能量的形式各种各样,如动能和势能、内能、电能、核能等,各种不同形式的能量可以相互转化。不同形式能量的转化只有通过做功才能实现。

功和能量的知识在现代工程技术和科学研究中有着广泛的应用。本章将在初中物理的基础上,以牛顿运动定律为基础,定量研究机械能及其相互转化。

4.1 功和功率

(1) 功

一个物体受到力的作用,如果在力的方向上发生一段位移,这个力就对物体做了功。人推车前进,在人的推力作用下发生一段位移,推力对车做了功;高速行驶的动车,列车在机车牵引力的作用下产生位移,牵引力对列车做了功;起重机提起货物,货物在起重机钢丝绳的拉力下发生一段位移,拉力对货物做了功,如图 4-1 所示。

如果有力作用在物体上,而物体在这个力的方向上没有发生位移,这个力对物体就没有做功。如一人举着一个物体静止不动,虽然人对物体施加了支持力,但这个支持力对物体没有做功;列车在机车牵引力作用下,沿平直铁轨行驶,牵引力对列车做了功,而重力及铁轨支持力不做功。由此可见,**力和在力的方向上发生的位移**是做功

图 4-1　物体受力做功

的两个不可缺少的因素。

做功的多少是由力的大小和物体在力的方向上的位移大小决定的，力越大，位移越大，所做功就越大。物理学中规定：

力和受力物体在力的方向上的位移大小的乘积，叫做力对物体做的功，通常用符号 W 表示。

当力与物体运动的方向相同时，如图 4-2 所示。

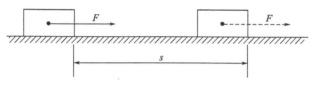

图 4-2　力对物体做功

则该力对物体所做的功为

$$W = Fs$$

这是我们初中学过的功的公式。

当力与物体运动方向不相同时，假设力的方向与运动方向成某一角度 θ，如图 4-3 所示。这时，可把力 F 分解为两个力：与位移方向一致的分力 F_1，与位移方向垂直的分力 F_2。力 F_2 方向与位移方向垂直，故 F_2 对物体不做功。因此，力 F 对物体所做的功就等于分力 F_1 对物体所做的功，而 $F_1 = F\cos\theta$，则

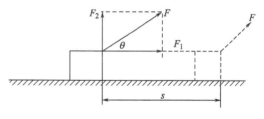

图 4-3　分力对物体做功

$$W = Fs\cos\theta$$

上式是计算恒力的功的一般公式。该式表明**力对物体所做的功等于力的大小、位移的大小、力和位移夹角的余弦三者的乘积**。

功只有大小没有方向，是标量。

在国际单位制中，功的单位是焦耳，符号 J。1J 就是 1N 的力使物体在力的方向上发生 1m 的位移所做的功。即

$$1J = 1N \times 1m = 1N \cdot m$$

(2) 正功、负功

现在我们来讨论功的公式

表 4-1 正功和负功

θ	$\cos\theta$	W	物理意义
$\theta=0°$	$\cos\theta=1$	$W=Fs$	F 对物体做正功
$0<\theta<\dfrac{\pi}{2}$	$\cos\theta>0$	$W>0$	F 对物体做正功（动力）
$\theta=\dfrac{\pi}{2}$	$\cos\theta=0$	$W=0$	F 与位移垂直时，不做功
$\dfrac{\pi}{2}<\theta<\pi$	$\cos\theta<0$	$W<0$	F 对物体做负功（阻力）
$\theta=180°$	$\cos\theta=-1$	$W=-Fs$	F 对物体做负功（阻力）

由表 4-1 中看出，当 $90°<\theta\leqslant180°$ 时，$W<0$，即力对物体做负功。此时，力为阻力，力对物体做负功往往说成物体克服阻力做正功。

(3) 合力的功

当物体在几个力共同作用下发生一段位移时，每个力对物体都可能做了功，那么这几个力对物体所做的总功就等于这几个力的合力对物体所做的功。可以证明：合力对物体所做的功等于各个力分别对物体所做的功的代数和。即

$$W_合 = W_1 + W_2 + W_3 + \cdots$$

[例 4-1]　质量 $m=2\text{kg}$ 的木箱，在与水平方向成 30°角斜向上的拉力作用下，沿水平地面移动了 2m 的距离，若已知拉力大小为 10N，木箱与水平地面间的滑动摩擦力 $f=4.2\text{N}$，如图 4-4(a) 所示。求：

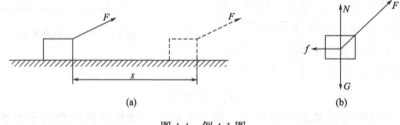

图 4-4　例 4-1 图

(1) 作用在物体上各个力对物体所做的总功。
(2) 合外力对木箱所做的功。

分析：选取木箱为研究对象，木箱共受四个力的作用：重力、支持力、拉力、滑动摩擦力，如图 4-4(b) 所示。

支持力、重力与运动方向相互垂直，对木箱不做功；拉力 F 与运动方向成 $30°$ 角，对木箱做正功；滑动摩擦力方向与运动方向相反，做负功。根据功的公式分别计算出拉力、滑动摩擦力对木箱所做的功，二者代数和即为各个力对木箱所做的总功。

木箱在四个力的作用下沿水平地面运动，它们的合力等于木箱在水平方向上所受的合力。将 F 沿水平方向和垂直运动方向分解，计算出木箱在水平方向上的合力 $F_合 = F\cos\theta - f$，根据功的公式计算出合力的功。

解： 选取木箱为研究对象，受力如图 4-4(b) 所示

(1) 根据功的公式 $W = Fs\cos\theta$ 可得

$$W_N = W_G = 0$$

$$W_F = Fs\cos\theta = 10 \times 2 \times \cos 30° = 17.3(\text{J})$$

$$W_f = -fs = -4.2 \times 2 = 8.4(\text{J})$$

各力对木箱所做的总功

$$W = W_N + W_G + W_F + W_f = 17.3 - 8.4 = 8.9(\text{J})$$

(2) 作用在木箱上的合力为

$$F_合 = F\cos 30° - f = 10 \times 0.866 - 4.2 = 4.46(\text{N})$$

根据功的公式可得

$$W_合 = F_合 s = 4.46 \times 2 = 8.9(\text{J})$$

可见，合力的功等于各个分力所做功的代数和。

(3) 功率

做功的过程不仅要考虑做功的多少，而且要讨论做功的快慢。不同的物体做相同的功，所用的时间往往不同。也就是说，做功的快慢并不相同。

在物理学中，做功的快慢用功率表示。功跟完成这些功所用时间的比值叫做功率。通常用符号 P 表式。即

$$P = \frac{W}{t}$$

在国际单位制中，功率的单位是瓦特，简称瓦，符号是 W，$1\text{W} = 1\text{J/s}$。在工程技术上还常用千瓦作功率的单位，$1\text{kW} = 1000\text{W}$。

功率也可以用力和速度表示。在力和运动位移方向相同时，功为 $W = Fs$，将此式代入功率公式得 $P = \frac{W}{t} = \frac{Fs}{t} = F \times \frac{s}{t}$，而 $v = \frac{s}{t}$ 所以

$$P = Fv$$

这就是说，力 F 的功率等于力 F 和物体运动速度大小 v 的乘积。

从公式 $P = Fv$ 看出，当功率 P 一定时，力 F 与速度 v 成反比，速度越小，力越大。汽车上坡时，司机常常换挡减小速度，获得较大的牵引力就是这个道理。

物理万花筒

瓦特与蒸汽机

1. 瓦特的生平

英国著名的发明家——詹姆斯·瓦特（James Watt, 1736—1819），是第一次工业革命时期的重要人物。1736年1月19日生于苏格兰格林诺克。童年时代的瓦特曾在文法学校念过书，然而没有受过系统教育。瓦特在父亲做工的工厂里学到许多机械制造知识，以后他到伦敦的一家钟表店当学徒。1763年瓦特到格拉斯大学当仪器修理工，修理教学仪器。瓦特聪明好学，他常抽空旁听教授们讲课，再加上他整日亲手摆弄那些仪器，学识也就积累的不浅了。1763~1765年瓦特在修理纽科门蒸汽机时，设计冷凝器解决效率低的问题，罗巴克把瓦特的发明用于商业上。1774年瓦特将自己设计的蒸汽机投入生产。1776年博尔登-瓦特蒸汽机在波罗姆菲尔德煤矿首次向公众展示其工作状态。1782年瓦特的双向式蒸汽机取得专利，同年他发明了一种标准单位马力。1800年瓦特蒸汽机专利期满。与博尔登合作结束，1781年瓦特制造了从两边推动活塞的双动蒸汽机。1785年，他也因蒸汽机改进的重大贡献，被选为皇家学会会员。64岁瓦特退休。1819年8月25日瓦特在希斯菲德逝世，享年83岁。

2. 瓦特与蒸汽机

1764年，格拉斯哥大学收到一台要求修理的纽科门蒸汽机，任务交给了瓦特。瓦特将它修好后，看看它工作那么吃力，就像一个老人在喘气，颤颤颠颠地负重行走，觉得实在应该将它改进一下。他注意到毛病主要是缸体随着蒸汽每次热了又冷，冷了又热，白白浪费了许多热量。能不能让它一直保持不冷而活塞又照常工作呢？于是他自己出钱租了一个地窖，收集了几台报废的蒸汽机，决心要造出一台新式机器来。从此，瓦特整日摆弄这些机器，两年后，总算弄出个新机样子。可是点火一试，那汽缸到处漏气，瓦特想尽办法，用毡子包，用油布裹，几个月过去了，还是治不了这个毛病。

一天他又趴到汽缸前观察漏气的原因，不小心一股热气冲出，他急忙躲闪，右肩上已是红肿一片，就像被一把热刀削过一样，辣辣地疼起来，弄得他心烦意乱。他真有些灰心了，这时，他的妻子给了他勇气，妻子用激将法又激起了继续研究下去的雄心。他又回到地下实验室，将过去的资料重新翻阅一番，打起精神又干了起来，干累了就守着炉子烧一壶水喝茶。一天，他一边喝茶，一边看着那一动一动的壶盖。他看看炉子上的壶又看看手中的杯子，突然灵感来了：茶水要凉，倒在杯里；蒸汽要冷，何不也把它从汽缸里也"倒"出来呢？这样想着，瓦特立即设计了一个和汽缸分开的冷凝器，这下热效率提高了3倍，用的煤只有原来的1/4。这关键的地方一突破，瓦特顿然觉得前程光明。他又到大学里向布莱克教授请教了一些理论问题，教授又介绍他认识了发明镗床的威尔金技师，这位技师立即用镗炮筒的方法制了汽缸和活塞，解决了那个最头疼的漏气问题。

1784年，瓦特的蒸汽机已装上曲轴、飞轮，活塞可以靠从两边进来的蒸汽连续推动，再不用人力去调节活门，世界上第一台真正的蒸汽机诞生了。

　　1776年制造出第一台有实用价值的蒸汽机。以后又经过一系列重大改进，使之成为"万能的原动机"，在工业上得到广泛应用。他开辟了人类利用能源新时代，标志着工业革命的开始。后人为了纪念这位伟大的发明家，把功率的单位定为"瓦特"。

问题与练习

　　1. 若用 40N 力将足球沿力的方向踢出去 5m 远，能否说该力所做的功是 200J？为什么？

　　2. 一辆汽车沿着盘山公路上坡行驶时，它受到那些力？各个力的做功情况如何？

　　3. 用起重机把重量为 $2×10^4$N 的重物匀速地提高 5m，钢绳的拉力做多少功？重力做多少功？重物做多少功？重物克服重力做多少功？

　　4. 拖拉机拖着一故障汽车沿水平直线方向前 200m，若已知拖拉机的牵引力为 $1×10^3$N，牵引力与水平方向夹角为 30°，问牵引力对汽车做了多少功？

　　5. 一台电动机的额定功率是 10kW，用这台电动机匀速提升 $2.7×10^3$kg 的货物，最大提升速度是多大？不计空气阻力。

　　6. 汽车发动机的额定功率为 60kW，汽车行驶时受到的阻力为 $5×10^3$N，问汽车行驶的最大速度是多少？

　　7. 倾角为 30°的传送带上载有质量为 100kg 的粮袋，今要在 4s 内将粮袋由底端匀速送往顶端，已知传送带长为 4m，问提供动力的电动机输出功率至少是多大？

4.2　动能和动能定理

（1）动能

　　在初中物理中，我们已学习过，一个物体如果能够做功就说它具有能量。运动的物体能够做功，因此运动的物体具有能量。物体由于运动而具有的能量叫动能如行驶的汽车、运动的榔头、流动的空气和水等都具有动能。物体的动能跟物体的质量和速度有关，质量越大，运动速度越大，它的动能就越大。那么怎样定量的确定动能呢？

现在我们来分析下面的例子。

图 4-5 汽车刹车

在平直的公路上，一辆质量为 m，以速度 v 行驶的汽车，刹车后滑行距离 s 而停止，如图 4-5 所示。在刹车过程中，汽车受到滑动摩擦力 f 作用做匀减速直线运动，滑动摩擦力对汽车做负功，或者说汽车用减小自身动能来克服滑动摩擦力做功。显然，汽车初始动能应等于它在刹车过程中克服滑动摩擦力所做的功。

根据功的公式 $W = Fs\cos\theta$ 可得摩擦力对汽车所做的功

$$W = fs\cos 180° = -fs$$

汽车克服摩擦力做的功是

$$W_{克} = -W_f = fs$$

若用 E_k 表示汽车的初动能，由上面的分析可知 $E_k = W_{克} = fs$，又由牛顿第二定律知滑动摩擦力的大小为 $f = m|a|$，而加速度的大小可由 $v_t^2 - v_0^2 = 2as$ 得到 $|a| = v_0^2/2s$，所以

$$E_k = fs = \frac{mv_0^2}{2s} \times s = \frac{1}{2}mv_0^2，即$$

$$E_k = \frac{1}{2}mv_0^2$$

上式表明：**质量为 m，速度为 v_0 的汽车具有的动能等于质量 m 与运动速度 v_0 的二次方乘积的一半。**

上式虽然是从特例导出的，但可以证明其结论普遍成立，也就是说**物体的动能等于物体的质量跟运动速度二次方乘积的一半。**

动能只有大小没有方向，是标量。

在国际单位制中，动能的单位是焦耳，符号是 J。

（2）动能定理

物体在外力作用下通过一段位移，外力对物体做了功，物体的运动速度发生了变化，动能也相应发生了变化，那么外力对物体所做的功与物体动能变化之间有何关系呢？

设质量为 m 的物体，在水平恒力 F 的作用下，运动一段位移 s，速度由 v_1 变化到 v_2，如图 4-6 所示。

根据牛顿第二定律 $F = ma$ 和运动学公式 $v_t^2 - v_0^2 = 2as$，可得

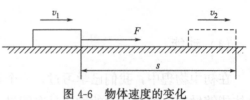

图 4-6 物体速度的变化

$$W = Fs = ma \times \frac{v_2^2 - v_1^2}{2a} = \frac{m(v_2^2 - v_1^2)}{2}$$

化简整理，即有

$$W = \frac{1}{2}mv_2^2 - \frac{1}{2}mv_1^2, \text{ 或}$$

$$W = E_{k2} - E_{k1} = \Delta E_k$$

上式虽然是假定物体只受一个力的作用而推导出来的，但适用于物体同时受几个力共同作用的情况。此时，W 应为所有外力对物体做的总功。

由此可得结论：**合外力对物体所做的总功等于物体的末动能减去物体的初动能，或者说，合外力的功等于物体动能的增量**，这个结论叫做**动能定理**。

动能定理表明：当合外力对物体做正功时，即 $W > 0$，动能增加；当合外力对物体做负功时，即 $W < 0$，动能减少。

动能定理只涉及物体运动过程中的功，初动能和末动能，不涉及运动过程中加速度和时间，因此，在处理力学问题时，利用动能定理要比牛顿运动定律方便得多。因此，动能定理得到广泛的应用。

[**例 4-2**] 如图 4-7 所示，质量 $m = 2\text{g}$ 的子弹，以 $v_1 = 300\text{m/s}$ 的速度水平射入厚度 $s = 5\text{cm}$ 的木板，射穿后速度变为 $v_2 = 100\text{m/s}$，求子弹在射穿木板的过程中所受的平均阻力 f。

分析：本题目不涉及时间。选取子弹为研究对象，子弹运动过程中在运动方向上只受到木板对其阻力，阻力做负功。也就是说，子弹克服阻力做功。已知子弹的初、末速度和位移，计算出子弹的初、末动能和阻力的功，利用动能定理即可求出子弹受到的平均阻力。

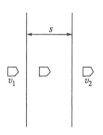

图 4-7 例 4-2 图

解：选取子弹为研究对象，根据动能定理得

$$-fs = \frac{1}{2}mv_2^2 - \frac{1}{2}mv_1^2$$

所以

$$f = \frac{m(v_1^2 - v_2^2)}{2s} = \frac{2 \times 10^{-3} \times (300^2 - 100^2)}{2 \times 0.05} = 1.6 \times 10^3 (\text{N})$$

即子弹在运动过程中受到的平均阻力 $1.6 \times 10^3 \text{N}$。

[**例 4-3**] 汽车装载货物后总质量为 $7 \times 10^3 \text{kg}$，发动机牵引力为 $2.6 \times 10^3 \text{N}$，由静止开动后在平直公路上行驶 $1 \times 10^2 \text{m}$。若已知汽车运动过程中所受的阻力是车重的 0.02 倍，求汽车此时的运动速度。

分析：本题目仍不涉及时间和加速度，因此，利用动能定理比较方便。选取汽车为研究对象，分析汽车受到的力。汽车运动过程中共受到四个力作用：重力、支持力、牵引力和阻力，如图 4-8 所示。显然，重力、支持力与运动方向垂直不做功，牵引力做正功，阻力做负功。已知汽车运动的位移，根据功的公式可以求出各个力对汽车所做的总功 $W = Fs - fs$，又知道汽车初速度为零，利用动能定理即可求出汽车运动速度。

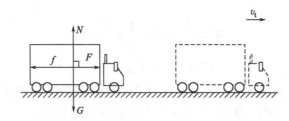

图 4-8 例 4-3 图

解：选取汽车为研究对象，受力如图 4-8 所示。

根据动能定理得

$$Fs - fs = \frac{1}{2}mv^2$$

所以

$$v = \sqrt{\frac{2(F-f)s}{m}} = \sqrt{\frac{2\times(2.6-7\times0.2\times10)\times10^3\times1\times10^2}{7\times10^3}} = 5.6(\text{m/s})$$

代入数值计算得 $v = 5.6 \text{m/s}$

以上两例也可以利用牛顿第二定律求解，自己试着做一做，比较一下看哪种方法简便。

从例题看出，利用动能定理研究力学问题时，首先必须明确研究对象，分析其受力情况；其次明确物体的初、末动能，计算合外力的功；最后利用动能定理列方程求解。

 物理万花筒

鸟击落飞机

我们知道，运动是相对的。当鸟儿与飞机相对而行时，虽然鸟儿的速度不是很大，但是飞机的飞行速度很大，这样对于飞机来说，鸟儿的速度就很大。速度越大，撞击的力量就越大。

比如一只 0.45 千克的鸟，撞在速度为每小时 80 千米的飞机上时，就会产生 1500 牛顿的力，要是撞在速度为每小时 960 千米的飞机上，那就要产生 21.6 万牛顿的力。如果是一只 1.8 千克的鸟撞在速度为每小时 700 千米的飞机上，产生的冲击力比炮弹的冲击力还要大。所以浑身是肉的鸟儿也能变成击落飞机的"炮弹"。

1962 年 11 月，赫赫有名的"子爵号"飞机正在美国马里兰州伊利奥特市上空平稳地飞行，突然一声巨响，飞机从高空栽了下来。事后发现酿成这场空中悲剧的罪魁就是一只在空中慢慢翱翔的天鹅。

鸟本身速度不快，质量也不大，但相对于飞机来说，由于飞机速度很快，所以它们相互靠近的速度很快，因此，鸟相对飞机的速度很快，具有很大的相对动能，当两者相撞时，会造成严重的空难事故。

问题与练习

1. 质量 10g，以 800m/s 的速度飞行的子弹与质量 60kg，以 10m/s 的速度奔跑的运动员相比，哪一个动能大？

2. 以大小相等的速度沿不同方向抛出两个质量相等的物体，抛出时两个物体的动能是否相同？

3. 质量为 100g 的子弹，以 400m/s 的速度从枪筒里射出，若枪筒长 1m，求子弹离开枪口时的动能和它在枪筒里所受的平均推力。

4. 列车的质量为 $2×10^6$ kg，通过一段长为 $2×10^3$ m 的水平铁轨，列车的速度由 10m/s 增加到 15m/s。若列车与铁轨间的滑动摩擦系数为 0.0025，求机车牵引力所做的功。

5. 质量为 $5×10^3$ kg 的载重汽车，在 $6×10^3$ N 的牵引力作用下做直线运动，速度由 10m/s 增加到 30m/s。若汽车运动过程中受到的平均阻力为 $2×10^3$ N，求汽车发生上述变化所通过的路程。

4.3 势能

(1) 重力势能

从高处下落的物体能够做功。例如，从高处落下的重锤，能锻制锻件；游乐园的过山车能风驰电掣地行进；高山上的瀑布能带动发电机发电（见图 4-9）。这些都说明，位于高处的物体具有能量。我们把位于高处的物体所具有的能叫做**重力势能**。重力势能与哪些因素有关呢？

图 4-9　高处的物体具有能量

设砝码的质量为 m，距地面的高度为 h，如图 4-10 所示。选择一个合适的木块，使其与桌面间的摩擦恰好等于砝码的重力 mg。这样，当砝码匀速下落 h 高度时，它对木块所做的功是 mgh。这个功就等于砝码在 h 高处所具有的势能。

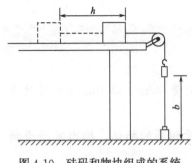

图 4-10 砝码和物块组成的系统

如果用 E_P 表示势能,那么物体的重力势能为
$$E_P = mgh$$
上式表明**物体的重力势能等于它的质量、重力加速度和离零势能面高度的乘积。**

重力势能与高度有关,而高度是相对量,所以重力势能也具有相对意义。计算重力势能时,必须选择零势能面(该面的高度定为零)。零势能面的选择是任意的,选择什么样的零势能面要看研究问题的方便而定。通常情况下选地面为零势能面。

重力势能是标量,但有正、负之分,其正负是相对零势能面而言的。

重力势能的单位是焦耳(J)。

(2)重力做功与重力势能的关系

如图 4-11 所示,设质量为 m 的物体从高度为 h_1 的 A 点下落到高度为 h_2 的 B 点,则重力所做的功为
$$W_G = mg\Delta h = mgh_1 - mgh_2$$
考虑到重力势能的定量表示,所以
$$W_G = E_{P1} - E_{P2} = -\Delta E_P$$
上式表明:重力所做的功等于物体初位置的重力势能减去末位置的重力势能。

当物体上升时,即 $h_1 < h_2$,则 $W_G < 0$,$E_{P1} < E_{P2}$ 即重力做负功,重力势能增加;

当物体下落时,即 $h_1 > h_2$,则 $W_G > 0$,$E_{P1} > E_{P2}$ 即重力做正功,重力势能减少。

可以进一步证明:重力所做的功仅与物体的初、末位置有关,与物体的运动路径无关。这就是重力做功的特点。

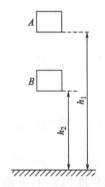

图 4-11 物体从高处下落

(3)弹性势能

发生形变的物体,在恢复原状时能够对外做功,因而形变的物体也具有能量,这种能量叫做**弹性势能**。例如卷紧的发条、被拉伸或压缩的弹簧、拉弯了的弓(见图 4-12)、支撑运动员上跳的撑杆等都具有弹性势能。

弹性势能的大小跟形变的大小有关。可以证明:对于拉伸或压缩形变的弹簧,在弹性限度内,弹性势能由弹簧的劲度系数 k 和形变的大小 x 决定,其表达式为
$$E_P = \frac{1}{2}kx^2$$

图 4-12 拉弯的弓具有弹性势能

(4) 保守力和非保守力

像重力做功特点那样，物理学中还有一些力，其所做的功与运动路径无关，只由物体所在的初、末位置决定。如弹簧的弹力、万有引力以及分子力、静电场力等。凡是具备做功与运动路径无关，只由物体所在的初、末位置决定特点的力，这种力称为**保守力**。只有在保守力的作用下，由物体之间相对位置决定的能量才能引入势能。从这里看出，势能属于保守力相互作用的系统所共有，我们所说的"物体的势能"只是习惯说法而已。

像滑动摩擦力、阻力等，在运动过程中，它们对物体所做的功与运动路径有关，这样的力我们称为**非保守力**。

有关保守力和非保守力的知识，有待同学们继续学习普通物理学。

😊 物理万花筒

过山车

当你在游乐场乘过山车奔驰之际，你是否会想到：过山车为什么不需要引擎来推动就能"翻山越岭"呢？

过山车在开始旅行时，是靠一个机械装置推上最高点的，但在第一次下行后，就再没有任何装置为它提供动力了，从这时起带动它沿轨道行驶的唯一"发动机"就是重力势能。过山车的重力势能在处于最高点时达到最大值，当它开始下行时，它的势能不断减小，动能不断增大；由于摩擦，损耗了少量的机械能，所以随后的"小山丘"设计的比开始时的"小山丘"低，如图4-13所示。

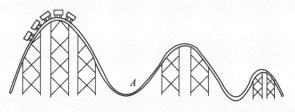

图4-13 过山车

像所有列车一样，过山车也安装了机械制动装置，使它在结束行程或在紧急情况下能够准确地停下来。

（1）过山车通过A点向上运动过程中，动能_____（选填"变大"、"变小"或"不变"）；

（2）后面的"小山丘"设计的比开始时的"小山丘"低，是由于过山车运动过程中，将部分机械能转化为_____；

（3）过山车旅行过程中，遇到紧急情况能够准确停下来，是由_____；

（4）过山车第一次下行后，是利用_____作为"发动机"的；在生产与生活中，与过山车利用了相同"发动机"的有_____。

（举一例即可）。

评析：解决本题的关键是合理有效的提取有用信息，结合每个问题、对图的阅读和所学过相对应的物理知识进行解答，过山车通过 A 点向上运动过程中，动能转化为重力势能和内能，所以动能减小；题中信息由于摩擦，损耗了少量的机械能，所以随后的"小山丘"设计的比开始时的"小山丘"低；短文中最后一句话，已经直接体现了（3）问中的答案；对于（4）问"第一次下行后，从这时起带动它沿轨道行驶的唯一'发动机'就是重力势能"显然已经显露了答案。

答案：（1）变小；（2）内能；（3）安装了机械制动装置（或摩擦）；（4）重力势能 水力发电。

问题与练习

1. 离地面 60m 高处有一质量为 2kg 的物体，它对地面的重力势能是多少？若取离地 40m 高的楼板为零势能面，物体的重力势能又是多少？（$g=10m/s^2$）

2. 质量为 50kg 的人爬上高出地面 30m 的烟囱，他克服重力做多少功？他的重力势能是增加还是减少？改变了多少？（$g=10m/s^2$）

3. 工人把质量为 150kg 的重物沿长为 3m、高为 1m 的斜面匀速推上汽车，重物增加的重力势能是多少？在不计摩擦的情况下，工人沿斜面推动重物所做的功是多少？

4. 质量为 200g 的物体，从距地面 20m 高处自由落下，在第 2s 内物体重力势能减少多少？

5. 质量为 70kg 的人，用 6min 时间，登上高出地面 100m 的山坡坡顶，问此人克服重力做了多少功？功率多大？重力势能增加了多少？

4.4 机械能守恒定律

（1）机械能

动能和势能统称机械能。一个物体既可以具有动能，也可以具有势能，物体具有的动能以及势能的和就是物体具有的机械能。如高空飞行的飞机，不仅具有动能，而且相对于地面具有重力势能，飞机的动能和重力势能的和就是飞机的机械能。机械能是最常见的一种形式的能量。

（2）机械能的相互转化

在初中，我们知道物体的动能和势能可以相互转化。让我们先来复习下初中做过的实验。滚摆如图 4-14 所示，滚摆下降时，重力势能减小，但速度越来越大，动能增加，重力势能转化为动能；滚摆上升时，动能越来越小，重力势能增加，动能转化为重力势能。

动能和重力势能相互转化的事例还很多。比如物体从某一高度自由下落时，动能逐渐增加，重力势能逐渐减少，重力势能转化为动能。再如孩子玩的蹦蹦床是动能、重力势能、弹性势能相互转化的事例。

图 4-14 滚摆

（3）机械能守恒定律

动能和势能之间既然可以相互转化，那么在转化过程中遵循什么规律呢？现在我们以自由落体运动为例来探讨这个问题。

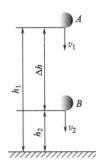

图 4-15 自由落体运动中动能和势能的相互转化

如图 4-15 所示，设质量为 m 的物体做自由落体运动，经过高度为 h_1 的 A 点时速度为 v_1 下落到高度为 h_2 的 B 点时的速度为 v_2。在自由落体运动过程中，物体只受重力作用，因此只有重力对物体做功。根据动能定理，不难求出在物体从 A 点下落到 B 点的过程中，重力对物体所做的功为

$$W_G = \frac{1}{2}mv_2^2 - \frac{1}{2}mv_1^2 \tag{1}$$

另一方面，根据重力做功与重力势能的关系知道，重力的功等于重力势能的减少量。即

$$W_G = mgh_1 - mgh_2 \tag{2}$$

由上述（1）、（2）两式得到

$$\frac{1}{2}mv_2^2 - \frac{1}{2}mv_1^2 = mgh_1 - mgh_2 \tag{3}$$

由此可见，在自由落体运动中，重力做了多少功就有多少重力势能转化为等量的动能。动能和重力势能的相互转化是通过重力做功来实现的。

将（3）式两边移项得

$$mgh_1 + \frac{1}{2}mv_1^2 = mgh_2 + \frac{1}{2}mv_2^2$$

或者

$$E_{k1} + E_{P1} = E_{k2} + E_{P2}$$

上式表明：在自由落体运动中，动能和重力势能相互转化，但总的机械能保持不变。

上述结论虽然是从自由落体运动推导而来，但可以证明在只有重力做功的条件下，无论物体做直线运动还是曲线运动，都是成立的。

在只有重力做功的条件下，物体的动能和重力势能相互转化，但总的机械能保持守恒。 这个结论称为**机械能守恒定律**。

机械能守恒定律是物理学中一条重要的定律，在工农业生产和科学研究中得到广泛的应用。

(4) 机械能守恒定律的应用

现在我们讨论如何利用机械能守恒定律解决力学问题。

[**例4-4**] 将质量为3kg的石头从20m高的山崖上斜向上抛出（见图4-16），抛出的初速度为5m/s。不计空气阻力，求石头落地时的速度大小。

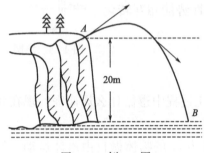

图4-16 例4-4图

分析：石头做斜抛运动。选取石头为研究对象，石头在运动过程中只受到重力，只有重力对石头做正功，因此石头运动过程中机械能守恒。规定地面为零势能面，分别计算出石头在抛出点和落地点的机械能。对石头抛出点（初位置）、落地点（末位置）利用机械能守恒定律，列方程求得结果。

抛体运动在不计空气阻力的情形下，运动过程中由于只受重力，因此机械能守恒。利用机械能守恒定律研究抛体运动十分方便。

解：选取石头为研究对象，石头在运动过程中只有重力做功，所以石头的机械能守恒。

设石头落时地速度为v，规定地面为零势能面

根据机械能守恒定律得

$$mgh + \frac{1}{2}mv_0^2 = \frac{1}{2}mv^2$$

化简整理可得

$$v = \sqrt{v_0^2 + 2gh}$$

代入数值计算得到$v = 20.4$m/s。

[**例4-5**] 一根不可伸长的轻绳，一端固定，另一端拴一小球，如图4-17所示。将小球偏离竖直位置某一角度θ撒手，小球在竖直面内摆动。若已知绳长为l，小球运动到最低位置时的速度是多大？

分析：选取小球为研究对象，小球在运动过程中受两个力：重力和悬线的拉力。悬线的拉力始终垂直于小球的运动方向，不做功。小球在运动过程中，只有重力做功，所以机械能守恒。

解：选取小球为研究对象，小球在运动过程中，只有重力做功，机械能守恒。

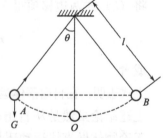

图4-17 例4-5图

选择小球在最低位置时所在的水平面为零势能面。

对小球所在最高点（初状态）和最低点（末状态）利用机械能守恒定律。

$$mg(l-l\cos\theta)=\frac{1}{2}mv^2$$

所以
$$v=\sqrt{2gl(1-\cos\theta)}$$

通过例题可以看出，应用机械能守恒定律解题时，必须明确研究对象和研究过程，分析过程中机械能是否守恒，然后选择初、末状态，利用机械能守恒定律列方程求出结果。利用机械能守恒定律，只须考虑运动的初状态和末状态，不必考虑运动过程的细节。

 物理万花筒

湛蓝的海洋能

浩瀚无边的海洋，约占地球表面的 71%，它汇集了 97% 的水量，蕴藏着丰富的能源。随着陆地资源的不断消耗而逐渐减少，人类赖以生存与发展的能源，将越来越依赖于海洋。我国大陆的海岸线长达 1.8 万千米，海域面积 470 多万平方千米，海洋能资源非常丰富。

海洋能主要包括波浪能、潮汐能、海水温差能、洋流能和盐度差能等。据统计，全世界海洋能的理论可再生量超过 760 亿千瓦。其中，海水温差能约 400 亿千瓦，盐度差能约 300 亿千瓦，潮汐能大于 30 亿千瓦，波浪能约 30 亿千瓦。目前，世界各国正竞相探索海洋能开发利用技术。

潮汐能

因月球引力的变化引起潮汐现象，潮汐导致海水平面周期性地升降，因海水涨落及潮水流动所产生的能量，称为潮汐能。

现代潮汐能的利用，主要是潮汐发电。潮汐发电是利用海湾、河口等有利地形，建筑水堤，形成水库，以便于大量蓄积海水，并在坝中或坝旁建造水力发电厂房，通过水轮发电机组进行发电。

潮汐发电与普通水力发电原理类似，差别在于海水与河水不同，蓄积的海水落差不大，但流量较大，并且呈间隙性，从而潮汐发电的水轮机的结构要适合低水头、大流量的特点。目前世界上最大的潮汐发电站，是法国郎斯的 24 万千瓦潮汐电站。我国的江厦潮汐试验电站，于 1985 年正式投入运行，装机容量 3200 千瓦，居世界第三位。

波浪能

波浪是由于风和水的重力作用形成的起伏运动，它具有一定的动能和势能。

1995 年 8 月，英国建造了第一座商业性波浪能发电站，输出功率为 2 兆瓦，可满足 2000 户家庭的用电要求。日本已有数座波浪能发电站投入运行，其中兆瓦级的"海明号"波浪能发电船，是世界上最著名的波浪能发电装置。早在 1981 年，我国就试制成功第一套具有国际先进水平的海浪发电装置，随后，8千瓦波力发电站在广东建成。现今，一种新型的"摆式海浪试验电站"正在山东青岛海域兴建，它将为我国开发波浪能提供大量的技术准备工作。

海水温差能

海水温差能是因深部海水与表面海水的温度差而产生能量。

首次提出利用海水温差发电设想的，是法国物理学家阿松瓦尔。1926年，阿松瓦尔的学生克劳德试验成功海水温差发电。1930年，克劳德在古巴海滨建造了世界上第一座海水温差发电站，获得了10千瓦的功率。1981年，日本在南太平洋的瑙鲁岛建成了100千瓦的海水温差发电装置，1990年又在鹿儿岛建起了一座兆瓦级的同类电站。

海水温差发电涉及耐压、绝热、防腐材料、热能利用效率等诸多问题，目前各国仍在积极探索中。

进入21世纪，随着现代科学技术的发展，合理开发海洋能源已成为人们关注的热点。在不远的将来，人类一定能驾驭大海，向大海索取更多的能量造福世界。

问题与练习

1. 分析下列运动过程中，机械能是否守恒？
   A. 跳伞员张开降落伞在空气中匀速下落
   B. 抛出的手榴弹或标枪在空中运动（不计空气阻力）
   C. 在光滑的水平面运动的小球碰到一根弹簧，把弹簧压缩后，又被弹回来
   D. 用细绳拴着一个小球，使小球在水平面内做圆周运动
   E. 用细绳拴着一个小球，使小球在竖直面内做圆周运动

2. 如图4-18所示，打桩机重锤的质量是250kg，从离地面25m高处自由落下，重锤下落10m时，它的动能是多少？重锤下落到地面时，其动能又是多少？

3. 物体从高1m、长2m的光滑斜面的顶端由静止滑下，不计空气阻力，求物体滑到斜面底端的速度是多大？

4. 如图4-19所示，一根长0.9m的细绳，上端固定，下端系一小球。提起小球，将绳拉直处于水平位置后释放，小球经过最低点时的速度是多大？

5. 运动员将铅球从离地面1.6m高的肩膀上，以速度$v_0=5m/s$斜向上掷出，铅球落地时的速度是多大？（不计空气阻力）

图 4-18 题 2 图

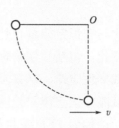

图 4-19 题 4 图

4.5 能量转化和守恒定律

(1) 功和能

在初中物理中，我们知道一个物体能够做功，物体就具有能量。自然界中，任何物体都具有能量。能量的形式各种各样，除机械能外，还有热能、电能、光能以及化学能和原子能。

功和能是密切相关的。在研究机械能守恒定律时，我们已经学习过，在只有重力做功的运动过程中，物体的动能和势能之间可以相互转化，但物体的总机械能保持不变。但是一般情况下，在运动过程中，不仅仅只有重力做功，往往还有其他外力对物体做功，此时，系统的机械能发生变化。例如起重机把货物加速提升时，除重力做功外，钢绳的拉力也对货物做功，货物的机械能不断增加；飞行员跳伞匀速下降时，他的动能不变，重力势能减少，机械能不断减少。跳伞员机械能的减少是因为空气阻力对他做了功。由此可知，物体机械能的变化是通过重力以外的力对物体做功来实现的。可以证明：除重力外，其他外力对物体所做的功的代数和等于物体机械能的改变量。也就是说，其他外力对物体做了多少正功，物体的机械能就增加多少；反之，物体克服其他外力做了多少功，物体的机械能就减少多少。可见，**功是能量转换的量度**。

(2) 能量转化与守恒定律

不仅物体的动能和势能之间可以相互转化，而且机械能与其他形式的能量之间也可以通过做功来实现相互转化。在前面的跳伞运动中，空气阻力对跳伞者做功，机械能减少，机械能转化成热能。再如电动机拖动机械运动，电动机做了功，电能转化成机械能。

各种形式的能量可以相互转化，在能量转化的过程中，能的总量会不会改变呢？物理学家焦耳通过实验证实。

能量既不会凭空产生，也不会自行消失，它只能从一种形式转化成另一种形式，或者从一个物体转移到另一个物体，但总的能量保持不变。这就是能量转化和守恒定律。

能量转化与守恒定律是自然界中最普遍、最重要的基本定律之一。自然界里发生的任何运动变化，包括一切物理的、化学的以及生物机体的变化等，都毫无例外的遵循能量转化和守恒定律。从日常生活到科学研究、工程技术，这一规律都发挥着重要的作用。机械能守恒定律只是这一定律的特例。恩格斯曾把能量转化与守恒定律、细胞学说、进化论称为19世纪自然科学的最伟大的三大发现。

(3) 能源开发和环境保护

能量是由能源提供的。能源是指可以直接或通过转换提供人类所需的有用能的资源。自然界中能源是多种多样的。像煤、石油、天然气和水是我们熟悉的，使用比较普遍，开发技术相对成熟的常规能源；太阳能、核能、地热能、潮汐能、生物质能等是近来开始利用和正在开发的新能源。

通常，我们把从自然界中直接获得的，没有经过加工的能源叫做一次能源．如煤炭、石油、天然气、柴草、太阳能、地热能等。一次能源又分为可再生能源和非再生能源。如太阳能、风能、水能、地热能等，不会随人类的利用而减少，可以不断地从自然界中源源不断地得到补充，是可再生能源；像煤、石油、天然气以及一些核燃料等，这些能源都是亿万年前遗留下来的，用一点少一点，无法得到补充，总有一天要枯竭，是非再生能源。

自然界中蕴藏着丰富的能源，但人类并不能轻而易举的取得它们。自古以来，人们对能源的开发利用，从未停止过并且已取得辉煌成就。随着人们生活水平的提高，现代科学技术的发展，特别是信息技术、基因技术以及其他尖端技术迅速发展的今天，人们对能源的需求日益高涨，开发和利用可再生能源迫在眉睫。现今，人类社会的能源开发已经经历了柴草、煤炭和石油三个时期，正朝着合理开发太阳能、核能、地热能的新能源方向发展。我国在新能源开发中，取得了举世瞩目的成就。1990年和1994年秦山核电站、大亚湾核电站相继建成投产，标志着我国开始和平利用核能；长江三峡工程于2008年全部竣工，是世界上最大的水电站。我国设计制造的各种各样的太阳灶、太阳能高温炉已经应用于现代生活和生产中，1971年将自行设计的硅太阳能电池用到了自己制造的人造卫星上，标志着我国利用太阳能的技术达到世界先进水平。

能源是国民经济的命脉。人类要发展，需要开发能源，但在能源开发和利用中，常常给人类赖以生存的环境带来污染和破坏。目前，全世界每年排放有毒化学品约400万吨，排出大气污染物数亿吨，各类环境灾难更是层出不穷，土地沙化、物种灭绝、垃圾泛滥、温室效应、酸雨、海洋污染等接踵而至，人类正面临着严峻考验。合理开发能源，保护环境，走持续发展的道路是人类的明智之举。如今，人们开始制订法规，采取各种措施，保护环境。我们作为21世纪的青年，祖国未来的建设者更应该肩负起时代的责任，从我做起，节约能源，保护环境。

物理万花筒

石　油

石油是当今世界的主要能源和宝贵的化工原料。我国石油资源丰富，建国以来先后建设了大庆、胜利、辽河等十几个石油生产基地，现正在加快青海、新疆以及海上石油开发建设。位于山东省东营市的胜利油田，已连续十多年来年产原油2500万吨以上，是我国石油生产的第二大油田。

天然石油埋藏在几千米深的地下，是一种绿色、棕色或黑色的易燃液体。其主要成分是碳氢化合物，溶解在液体石油中的碳氢化合物气体，在石油开采中从井底冒出，这就是天然气。石油是由沉积在水流闭塞、氧气稀薄的海湾、泻湖、三角洲湖泊中的有机物质在一定的温度、压力、时间条件下经过复杂的化学及生物化学变化形成的。

石油生产的过程极其复杂，主要经过勘探、测井、钻井、开采、油气集输和储运等。物理知识在石油生产过程中有着广泛的应用。地下并不是到处都有石油，石油勘探的目的在于寻找油气田的确切位置和规模（地质储量）。在石油勘探过程中，现在常常采用人工地震、卫星遥感技术进行探明石油，其基本原理就是利用波的传播、反射和吸收而设计的。石油测井主要是获取油田地质研究和开发资料，了解地下岩石和油气层的物理性质，为石油钻井和综合开采提供参考依据。石油测井常用的方法有电阻率测深法、自然电测井，放射性同位素测井等，更是物理知识的综合应用。在地质勘探和测井的基础上，利用钻井机械钻开地层，下入套管，建立原油通道，这就是石油钻井，平常我们看到的屹立的井架就是钻井工人正在施工。石油开采主要考虑怎样将原油从地下多、快、好、省地提升到地面。采出来的原油通过输油管道输送到油气集输联合站，进行原油脱水、气液分离、初步加工储存等这就是油气集输的主要任务。

石油不仅只埋藏在陆地下面，还以四海为家。在靠近海岸的浅海中蕴藏着丰富的石油资源。海洋石油开发是利用海洋石油平台将沉睡在海底的石油开采出来。目前，胜利油田自行设计制造的"渤海2号"海洋钻井平台达到世界先进水平，标志着我国海上石油开发走在了世界前列。

石油一般不能直接利用，石油经过加工炼制可以得到500多种石油制品，广泛应用于工业、农业、医药、建筑等行业。随着化工产业的迅速发展，石油还是化工产业的重要原料。一些先进国家还用石油作为火力发电的动力燃料，国防现代化更离不开石油。石油被人们誉为工业的"血液"，真是名不虚传。

然而，随着石油开采和应用，石油也给人类的生存环境造成大量的不良影响。石油在勘探、开采、加工、运输等过程中，都会给环境造成污染。石油对海洋的污染更是世界性的严重问题。这是石油的遗憾。人们已经想方设法制定各种法规，采取许多行之有效的措施，减少石油带来的环境污染。

问题与练习

1. 小孩坐在秋千上，大人推了一次以后，自己就荡起来，但荡的高度越来越低，最后停下来。试说明在这个过程中能量的转化情况。

2. 以一定速度竖直下抛一个弹性橡皮球，橡皮球落在坚硬的地面后又被反向弹回，回跳的高度比抛出点高2m，若不计空气阻力和落地时能量的损失，求竖直下抛的初速度。

3. 质量为1000kg的汽车，沿倾角为15°的斜面匀速向上行驶，速度为10m/s，不计摩擦和空气阻力，求1s内，汽车牵引力所做的功和重力势能的增加量。

4. 图4-20所示为撑杆跳运动的几个阶段：助跑、撑杆起跳、越横杆。试定性说明在这个阶段中能量的转化情况。

图4-20 题4图

本章小结

一、知识要点

1. 功

力和在力的力的向上发生的位移是做功的两个不可缺少的因素。

功的公式：$W = Fs\cos\theta$

利用上式不仅可以计算一个恒力的功，而且也可以计算几个力共同作用时合力的功。合力的功还等于各个力对物体所做功的代数和。

功是标量，只有大小没有方向，但有正负之分。功是能量变化的量度。

2. 功率

功率描述物体做功的快慢。功率还是描述做功机械的一个重要参数。

3. 动能和势能

运动物体具有的做功本领叫做物体的动能。动能是标量，只有大小没有方向。动能与物体的运动速度有关，因此动能是状态量。

物体由于被举高而具有的做功本领叫做重力势能。重力势能也是标量；重力势能与高度有关，所以重力势能具有相对意义，计算重力势能时，必须选择零势能面；重力势能属于地球和物体所共有。

不仅高处的物体具有重力势能，而且发生形变的物体也具有弹性势能。弹性势能的大小与形变的大小有关。弹性势能属于弹性体和物体所共有。

动能和势能统称机械能，一个物体具有的动能与势能的总和就是物体具有的机械能。

4. 动能定理

利用动能定理处理力学问题要比牛顿第二定律方便得多。动能定理不涉及加速度和时间，并且不论物体做直线运动，还是曲线运动；不论作用力是恒力，还是变力，动能定理都适用。

5. 重力做功与重力势能的关系

重力的功与运动路径无关，只与物体所处的初、末位置有关。重力做的功是重力势能变化的量度。

凡是做功与运动路径无关，只与物体所处的初、末位置有关的力叫做保守力。反之，不具备这个特点的力叫做非保守力。弹簧的弹力、万有引力、静电场力等都是保守力。只有在保守力作用的系统内，才有势能概念。

6. 机械能守恒定律

机械能守恒定律的应用条件是只有重力或弹力做功的系统，但并不是说物体只受到重力或弹力。机械能守恒定律广泛应用于处理不计阻力的抛体运动、摆的摆动及光滑面上的运动等。

二、知识技能

1. 理解功能关系，会利用功能关系分析解释能量转换问题。
2. 会利用动能定理处理简单的力学问题。
3. 综合应用机械能守恒定律处理简单动力学问题。
4. 掌握利用功和能分析力学问题的方法。

课后达标检测

一、判断题

1. 只要物体运动就具有动能。（   ）
2. 作用在物体上的力，只要跟物体运动方向垂直就一定不做功。（   ）
3. 运动着的物体，质量很大时，它的动能也一定很大。（   ）
4. 高于地面处的物体，其重力势能一定不为零。（   ）

二、选择题

1. 质量相同的两个物体，一个沿斜面滑至地面，另一个从同样高度自由落至地面，哪种情况重力做功多（　　）。

   A. 一样多　　　B. 沿斜面滑下　　　C. 自由落下　　　D. 无法确定

2. 竖直上抛的物体，到达最高点后又落回原处，不计空气阻力，则（　　）。

   A. 上升过程中重力做正功　　　　　　B. 下落过程中重力做正功
   C. 两个过程中重力都做正功　　　　　D. 两个过程中重力都做负功

3. 滑雪运动员沿斜坡下滑了一段距离，重力对他做功为 2000J，他克服阻力做功为 100J，他的重力势能（　　）。

   A. 减小了 2100J　　　　　　　　　　B. 减小了 2000J
   C. 增加了 2000J　　　　　　　　　　D. 减小了 1900J

4. 跳水运动员从 10m 高的跳台上跳下，在运动员下落的过程中（　　）。

   A. 运动员的动能增加，重力势能增加　　B. 运动员的动能减少，重力势能减少
   C. 运动员的动能减少，重力势能增加　　D. 运动员的动能增加，重力势能减少

5. 下列说法正确的是（　　）。

   A. 力对物体不做功，说明物体没有位移

   B. 力对物体做功越多，说明物体所受的力越大

   C. 把 1kg 的物体匀速举高 1m，举力做功为 1J

   D. 把重 1N 的物体匀速举高 1m，克服重力做功为 1J

6. 在下面列举的各个实例中，哪些情况机械能是守恒的？（　　）。

   A. 汽车在水平面上匀速运动

   B. 抛出的手榴弹或标枪在空中的运动（不计空气阻力）

   C. 拉着物体沿光滑斜面匀速上升

   D. 在光滑水平面上运动的小球碰到一个弹簧，把弹簧压缩后，又被弹回来

7. 关于功率下列说法中正确的是（　　）。

   A. 功率大说明物体做的功多

   B. 功率小说明物体做功慢

   C. 由 $P=W/t$ 可知，机器做功越多，其功率越大

   D. 单位时间机器做功越多，其功率越大

8. 下列所述的实例中（均不计空气阻力），机械能守恒的是（　　）。

   A. 石块自由下落的过程　　　　　　　B. 人乘电梯加速上升的过程
   C. 投出的铅球在空中运动的过程　　　D. 木箱沿粗糙斜面匀速下滑的过程

三、填空题

1. ＿＿＿＿＿和＿＿＿＿＿统称为机械能。

2. 以 80N 的力拉一小车，使它匀速前进 60m，若拉力与水平面成 60°角，则拉力的功为＿＿＿＿＿J。

3. 离地面 5m 高处质量为 2kg 的物体，对地面的重力势能是＿＿＿＿＿J，对 1m

高的桌面的重力势能是_____ J。

4. 一个质量为 5t 的巨石，位于 20m 高的峭壁上，它的重力势能为_____ J。

5. 质量 20g，以 60m/s 的速度飞行的子弹的动能为_____ J。

6. 一个质量为 $m=3kg$ 的物体在光滑水平面受到大小为 6N 的水平拉力由静止开始运动。则 5s 内拉力的平均功率为_____ W。

7. 若合外力对物体做正功，则物体的动能_____。

8. 在只有_____做功的条件下，物体的_____和_____相互转化，但总的_____保持守恒。

9. 物体的惯性只与物体的_____有关，与其他因素无关。

四、计算题：

1. 质量 20g，以 800m/s 的速度飞行的子弹与质量 50kg，以速度 10m/s 的速度奔跑的运动员，他们的动能分别为多少？试比较其大小。

2. 质量为 $5×10^3$ kg 的载重汽车，在 $8×10^3$ N 的牵引力作用下做直线运动，速度由 20m/s 增加到 40m/s。若汽车运动过程中受到的平均阻力为 $4×10^3$ N，求汽车发生上述变化所通过的路程。（应用动能定理）

3. 质量为 40kg 的物体静止在水平面上，当在 400N 的水平拉力作用下由静止开始经过 16m 时，速度为 16m/s，求物体受到的阻力是多少？（g 取 $10m/s^2$）

4. 把一块质量是 3kg 的石头，从 10m 高处的山崖上以 30°角，5m/s 的速度朝斜上方抛出。（空气阻力不计）求石头落地时速度的大小。（g 取 $10m/s^2$）

5. 某人以速度 $v_0=4m/s$ 将质量为 m 的小球抛出，小球落地时速度为 8m/s，求小球刚被抛出时的高度。（$g=10m/s^2$）

6. 质量 $m=40kg$ 的物体静止在水平面上，物体与水平面间的滑动摩擦力是重力的 0.2 倍，当物体在一水平恒定的拉力 F 作用下，静止开始运动 16m 的距离时，物体的速度为 16m/s。求水平恒力 F 的大小。（g 取 $10m/s^2$）

7. 质量为 4kg 的铅球，从离沙坑面 2m 高处由静止自由落下，陷进沙里 0.2m 深后停止，忽略空气阻力，沙坑对铅球的平均阻力是多少？（取 $g=10m/s^2$）

第 5 章

曲线运动

到现在为止,我们讨论了关于直线运动的运动学和动力学问题,而普遍发生的却是曲线运动。运动员掷出的铅球是曲线运动,车辆拐弯时的运动是曲线运动,许多天体和人造卫星的运动是曲线运动,曲线运动要比直线运动复杂。现在我们用已经学过的运动学的基本概念和基本规律来研究曲线运动的问题,并理解万有引力定律及在天体运动中的作用。

5.1 曲线运动

(1) 曲线运动的速度方向

曲线运动与直线运动的明显区别是曲线运动中速度的方向是时刻改变的。怎样确定做曲线运动的物体在任意时刻速度的方向呢?

我们先来观察一些常见的现象。在砂轮上磨刀具,可以看到刀具与砂轮接触处有火星沿砂轮的切线方向飞出(见图 5-1)。这些火星是从刀具与砂轮接触处擦落的炽热的微粒,由于惯性,它们以被擦落时具有的速度方向做直线运动,因此,火星飞出的方向就表示砂轮上跟刀具接触处质点的速度方向。让撑开的带有水的伞绕着伞柄旋转,伞面上的水滴随伞做曲线运动,当水滴从伞边飞出时,可以看到水滴是沿着伞边各点所划圆周的切线飞出的(见图 5-2)。

图 5-1 在砂轮上磨刀具

图 5-2 水滴从旋转的伞边飞出

可见，**曲线运动中速度的方向是时刻改变的，质点在某一点（或某一时刻）的速度的方向是沿曲线的这一点的切线方向。**

我们知道，速度是矢量，既有大小，又有方向，不论是速度的大小改变，还是速度的方向发生改变，就表示速度矢量发生了变化，也就是具有加速度。由于曲线运动中速度的方向时刻在改变，所以曲线运动是变速运动。

（2）物体做曲线运动的条件

物体在什么情况下才做曲线运动呢？让我们来看下面的例子。

抛出的石子，所受重力的方向跟速度方向不在一条直线上（见图 5-3），它做的是曲线运动。人造地球卫星绕地球运行，所受地球引力的方向跟速度的方向不在一条直线上（见图 5-4），它做的也是曲线运动。

图 5-3 抛出的石子做曲线运动

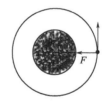

图 5-4 人造地球卫星做曲线运动

大量事实表明：**当运动物体所受合力的方向跟它的速度方向不在一条直线上时，物体就做曲线运动。**

物体做曲线运动的条件，可以根据牛顿第二定律来说明。如果合力的方向跟物体速度的方向在同一条直线上，产生的加速度的方向也在这条直线上，合力只改变物体速度的大小，不改变速度的方向，物体就做直线运动。如果合力的方向跟物体速度的方向不在一条直线上，而是成一角度，产生的加速度的方向也跟速度的方向不在一条直线上，而是成一角度，这时，合力不但可以改变速度的大小，而且还可以改变速度的方向，物体就做曲线运动。

问题与练习

1. 举出两个实例,说明物体做曲线运动的条件。

2. 图 5-5 是抛出的铅球运动轨迹的示意图(把铅球看成质点)。画出铅球沿这条曲线运动时在 A、B、C、D、E 各点的速度方向。

3. 汽车以恒定的速率绕圆形广场一周用 2min 的时间。汽车每行驶半周,速度方向改变多少度?汽车每行驶 10s,速度方向改变多少度?画出汽车在相隔 10s 的两个位置处的速度矢量的示意图。

4. 某人骑着自行车以恒定的速率驶过一弯路,自行车的运动是匀速运动还是变速运动?为什么?

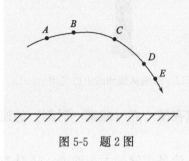

图 5-5 题 2 图

5.2 平抛运动

(1) 运动的合成和分解

轮船渡河时(见图 5-6),假如水静止不流动,而轮船在静水中沿 AB 方向行驶,那么经过一段时间,轮船将从 A 点运动到 B 点;假如轮船没有开动,而河水在流动,那么轮船将随河水向下游运动,经过相同的一段时间,轮船将从 A 点运动到 D 点。现在轮船在流动的河水中行驶,它必然同时参与上述两个运动,经过这段时间将从 A 点运动到 C 点。轮船从 A 点到 C 点的运动,就是上述两个分运动的合运动。

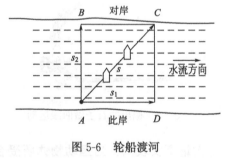

图 5-6 轮船渡河

已知分运动的情况求合运动叫做**运动的合成**,已知合运动的情况求分运动叫做**运动的分解**。

(2) 平抛运动

将物体以一定的初速度沿水平方向抛出,不考虑空气阻力,物体只在重力作用下所做的运动,叫做**平抛运动**。打一下水平桌面上的小球,使它以一定的水平初速度离开桌面,小球离开桌面后所做的曲线运动就是平抛运动。在平抛运动中,物体受到与速度方向成一定角度的重力作用,所以做曲线运动。

平抛运动可以分解为水平方向和竖直方向上的两个分运动。在水平方向（也就是在初速度方向）上物体不受力，物体由于惯性而做匀速直线运动，速度等于平抛物体的初速度。在竖直方向上物体受到重力的作用，并且初速度为零，物体做自由落体运动。情况是不是这样呢？我们来看下面的实验。

观察实验

如图 5-7 所示，用小锤打击弹性金属片，A 球就向水平方向飞出，做平抛运动。同时 B 球被松开，做自由落体运动。实验表明，越用力打击金属片，A 球的水平速度也就越大，它飞出的水平距离就越远。但是，无论 A 球的初速度大小如何，它总是与 B 球同时落地。

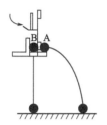

图 5-7 平抛运动实验

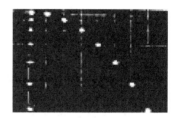

图 5-8 平抛运动与自由落体对比的频闪照片

实验表明，平抛运动在竖直方向上是自由落体运动，水平方向速度的大小并不影响平抛物体在竖直方向上的运动。

我们还可以用频闪照相的方法更精细地研究平抛运动。图 5-8 是一幅平抛运动与自由落体对比的频闪照片。可以看出，尽管两个球在水平方向上的运动不同，但它们在竖直方向上的运动是相同的，即经过相等的时间，落到相同的高度。仔细测量平抛出去的球在相等时间里前进的水平距离，可以证明平抛运动的水平分运动是匀速的。这说明竖直方向的运动也不影响水平方向的运动。

(3) 平抛运动的公式

既然平抛运动可以看作是水平方向的匀速运动和竖直方向的自由落体运动的合成，就可以在直角坐标系中，分别求出平抛物体经过任一段时间通过的水平距离 x 和下落的高度 y，即

$$x = vt \qquad (5\text{-}1)$$

$$y = \frac{1}{2}gt^2 \qquad (5\text{-}2)$$

根据以上两个公式求出任一时刻 t 物体的位置，用平滑曲线把这些位置连接起来，就得到平抛运动的轨迹，这个轨迹是一条抛物线，如图 5-9 所示。

物体在平抛运动中，加速度 g 的大小和方向始终保

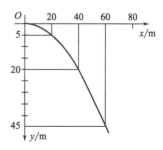

图 5-9 平抛运动轨迹

持不变,所以平抛运动属于均变速运动,是匀变速曲线运动。

[**例 5-1**] 飞机在离地 810m 的高空,以 60m/s 的速度水平飞行,要使飞机上投下的炸弹落在指定的目标上,应该在离轰炸目标的水平距离多远的地方投弹?不计空气阻力,如图 5-10 所示。

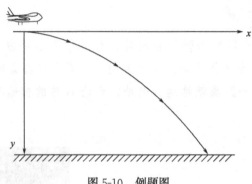

图 5-10 例题图

解:从水平飞行的飞机上落下的炸弹做平抛运动。

由 $y = \dfrac{1}{2}gt^2$ 可求出炸弹的飞行时间

$$t = \sqrt{\dfrac{2y}{g}} = \sqrt{\dfrac{2 \times 810}{9.8}} \approx 12.9 \text{ (s)}$$

$$x = v_0 t = 60 \times 12.9 \approx 764 \text{ (m)}$$

飞机应该在里轰炸目标的水平距离为 764m 的地方开始投弹,才能击中目标。

观察实验

用尺子测量玩具手枪子弹射出时的速度

根据平抛运动的知识,用尺子可以简便的测出玩具手枪子弹射出时的速度,请你设计出这个实验(见图 5-11),说明实验原理以及需要测定的数据。然后实际做一下,测出玩具手枪子弹射出时的速度。

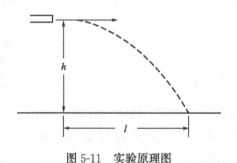

图 5-11 实验原理图

问题与练习

1. 两个从相同高度做平抛运动的物体，不计空气阻力无障碍地落向地面，它们是否同时着地？

2. 从1.6m高的地方用玩具手枪水平射出一颗子弹，初速度是35m/s求这颗子弹飞行的水平距离（不计空气阻力）。

3. 一个小球从1m高的桌面上水平抛出，落到地面的位置与桌面边缘的水平距离为2.4m，求小球离开桌面边缘时的初速度是多大？

4. 从15m高台上以1m/s的速度水平抛出一物体，此物体落地时的速度是多大？速度方向如何？

5.3 匀速圆周运动

(1) 匀速圆周运动

物体沿圆周运动是一种常见的曲线运动，在圆周运动中，最简单的是匀速圆周运动。

钟表秒针端点的运动轨迹是个圆，将圆周等分为60段，每段弧长为 s_0，那么，经过1s、2s、3s、……秒针端点通过的弧长就是 s_0、$2s_0$、$3s_0$……像这样**质点沿圆周运动，如果在任意相等的时间内通过的圆弧长度都相等，这种运动就叫做匀速圆周运动**。它是工程技术中常见的运动形式，如匀速转动的电动机转子上某一位置的运动，地球绕太阳的公转也可以近似看成是质点的匀速圆周运动。

怎样描述匀速圆周运动的快慢呢？

(2) 线速度、角速度

匀速圆周运动的快慢，可以用线速度来描述。根据匀速圆周运动的定义，做匀速圆周运动的质点通过的弧长 s 与时间 t 成正比，比值越大，单位时间内通过的弧长越长，表示运动得越快。这个比值就是匀速圆周运动线速度的大小，用符号 v 表示，则有

$$v = \frac{s}{t} \tag{5-3}$$

线速度是相对于下面将要讲到的角速度而命名的，其实它就是物体做匀速圆周运动的瞬时速度。线速度是矢量，不仅有大小，而且有方向。根据本章5.1节所讲的知

识，可知线速度的方向就在圆周该点的切线方向上（见图 5-12）。

在匀速圆周运动中，物体在各个时刻的线速度的大小都相同，并由上式来确定。而线速度的方向是在不断变化的，因此，匀速圆周运动是一种变速运动。这里的"匀速"是指速度的大小不变即速率不变的意思。

匀速圆周运动的快慢也可以用**角速度**来描述。物体在圆周上运动得越快，连接运动物体和圆心的半径在同样的时间内转动的角度就越大。所以，匀速圆周运动的快慢也可以用半径转过的角度跟时间的比值来描述（见图 5-13）。这个比值叫做**匀速圆周运动的角速度**，用符号 ω 表示，则有

$$\omega = \frac{\varphi}{t} \tag{5-4}$$

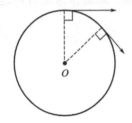

图 5-12　圆周运动的速度方向

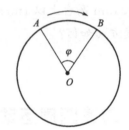

图 5-13　角速度定义示意图

由上式可知：对某一确定的匀速圆周运动来说，角速度 ω 是恒定不变的圆周运动。

角速度的单位由角度和时间的单位决定。在国际单位制中，角速度的单位是**弧度每秒**，符号是 rad/s。

如果每隔一段相等的时间就重复一次的运动，就叫做**周期性运动**；匀速圆周运动是一种典型的周期性运动。从四季和昼夜的周而复始、心跳和呼吸的节律，到交通工具闪烁灯的明灭交替和钟表的"滴答、滴答"声，都可以体会到周期性运动与人类生活的密切关系。

(3) 周期、频率

质点沿圆周运动一周所需的时间，叫做**周期**。通常用符号 T 来表示。在国际单位制中，周期的单位是**秒**（s）。例如钟表上秒针的周期是 60s，分针的周期是 3600s。周期越大，表示运动得越慢。所以周期是描述周期性运动快慢的物理量之一。

单位时间内沿圆周运动的周数叫做**频率**。通常用符号 f 来表示。在国际单位制中，频率的单位是**赫兹**（Hz），1Hz=1/s。频率也是描述周期性运动快慢的物理量，周期和频率的关系是

$$f = \frac{1}{T}, \text{或} \ T = \frac{1}{f} \tag{5-5}$$

在工程技术上，常用 n 表示固体的转速，即一分钟转的圈数，单位是：r/min。n

和 f 的关系是

$$n=60f \text{ 或 } f=\frac{n}{60} \tag{5-6}$$

线速度、角速度、周期和频率都可以用来描述匀速圆周运动的快慢，它们之间的关系是怎样的呢？

设物体沿半径为 R 的圆周做匀速圆周运动，在一个周期 T 内转过的弧长为 $2\pi R$，转过的角度为 2π，所以线速度和角速度分别为

$$v=\frac{2\pi R}{T}=2\pi Rf \tag{5-7}$$

$$\omega=\frac{2\pi}{T}=2\pi f \tag{5-8}$$

由以上两式可得

$$v=R\omega \tag{5-9}$$

式(5-9)表明：在匀速圆周运动中，线速度的大小等于角速度与半径的乘积。当半径一定时，线速度与角速度成正比；当角速度一定时，线速度与半径成正比；当线速度一定时，角速度与半径成反比。

[**例 5-2**] 一半径为 20cm 的砂轮以 3×10^3 r/min 的转速转动，砂轮边缘的某一个质点做匀速圆周运动的周期是多少？线速度和角速度分别是多少？

解：砂轮的转速

$$n=3\times10^3 \text{r/min}, \text{ 所以 } f=\frac{n}{60}=\frac{3\times10^3}{60}=50 \text{（Hz）}$$

$$T=\frac{1}{f}=0.02\text{s}$$

根据公式，$\omega=\dfrac{2\pi}{T}=\dfrac{2\times 3.14}{0.02}=314$（rad/s）

$$v=R\omega=0.20\times314=62.8 \text{（m/s）}$$

问题与练习

1. 对于做匀速圆周运动的物体，判断下列说法是否正确？
A. 线速度不变；（ ）
B. 线速度的大小不变；（ ）
C. 角速度不变；（ ）
D. 周期不变。（ ）

2. 手表秒针上不同位置的周期、角速度是否相同？线速度的大小是否相同？

3.位于地球赤道上的物体,随着地球自转,做半径为 $R=6.4\times10^3$ km 的匀速圆周运动,它运动的角速度是多大?线速度是多大?

4.地球绕太阳公转的运动可以近似地看作匀速圆周运动,地球距太阳 1.5×10^8 km,地球绕太阳公转的角速度是多大?线速度是多大?

5.半径为 15cm 的砂轮,每分钟转 300 转,砂轮旋转的角速度是多少?砂轮边缘上的线速度有多大?

5.4 向心力和向心加速度

(1) 向心力

物体做曲线运动时,必定受到与速度方向不在同一直线上的作用力。匀速圆周运动是曲线运动,做匀速圆周运动的物体必定也受到与速度方向不在同一直线上的合力的作用。这个合力是怎样的呢?

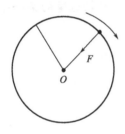

图 5-14 做匀速圆周运动的小球

我们先来分析匀速圆周运动的质点所受的合外力的方向。

如图 5-14 所示,用一条细绳拴着一个小球,让它在光滑水平桌面上做匀速圆周运动。小球受到的重力 G 与桌面的支持力 N 是一对平衡力,小球还受到绳对它的拉力 F 的作用,这个拉力的方向虽然不断变化但总是沿着半径指向圆心,使小球维持着圆周运动。

如果用一条细绳拴着小球,捏住绳子的上端,使小球在水平面内做圆周运动,细绳就沿圆锥面旋转,这样就成了一个圆锥摆。小球受到重力和绳子拉力的作用,使小球只在同一个水平面内运动,所以重力和拉力的合力一定在水平面内。由平行四边形定则可知两个力的合力方向也是指向圆心的,这个指向圆心的合力维持着圆周运动。

可见,做匀速圆周运动的物体不管受到什么样力的作用,物体所受的合力始终沿着半径指向圆心,这个沿着半径指向圆心的力叫做向心力。

向心力方向指向圆心,而物体沿圆周运动的速度方向沿切线方向,所以向心力的方向与物体运动的方向垂直。物体在运动方向上不受力,在这个方向上没有加速度,速度大小不会改变,所以**向心力的作用只是改变速度的方向**。

我们学过的重力、弹力、摩擦力或者它们的合力等,都可以作为向心力。向心力是根据效果来命名的。

下面再通过实例说明向心力的来源。

在火车转弯的地方铺设铁轨时,总是使外轨适当高一些,使路面向圆心一侧倾斜一个很小的角度,这时火车所受的支持力 N 不再与重力 G 平衡,它们的合力 F 指向圆心,这个合力就是火车转弯做圆周运动时所需的向心力(图 5-15)。在高速公路弯道处路面要设计成外侧比内侧高也是这个道理。

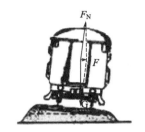

图 5-15 火车在弯道的受力

向心力的大小与哪些因素有关呢?具体关系是怎样的呢?

观察实验

向心力演示器如图 5-16 所示,转动手柄 1,可以使变速搭轮 2 和 3 以及长槽 4 和短槽 5 随之匀速转动,槽内的小球就做匀速圆周运动。使小球做匀速圆周运动的向心力由横臂 6 的挡板对小球的压力提供,球对挡板的反作用力,通过横臂的杠杆作用使弹簧测力套筒 7 下降,从而露出标尺 8,标尺 8 上露出的红白相间等分格子可以显示出两个球所受向心力的比值。

1.用质量不同的钢球和铝球做实验,使两球运动的半径和角速度相同。可以看出,向心力的大小与质量有关,质量越大,所需的向心力越大。

2.换用两个质量相同的小球做实验,保持它们运动的半径相同。可以看出,向心力的大小与转动的快慢有关,角速度越大,所需的向心力越大。

3.仍用两个质量相同的小球做实验,保持它们运动的角速度相同。可以看出,向心力的大小与小球运动半径有关,运动半径越大,所需的向心力越大。

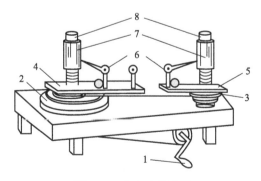

图 5-16 向心力演示器

实验表明:向心力的大小跟物体的质量 m、圆周半径 r 和角速度 ω 都有关系。可以证明,匀速圆周运动所需的向心力大小为

$$F=mr\omega^2 \qquad (5\text{-}10)$$

在许多情况下，需要知道线速度的大小与向心力的关系。这个关系可以用线速度与角速度的关系求出来。将 $\omega=\dfrac{v}{r}$ 代入式（5-10），得

$$F=m\dfrac{v^2}{r} \qquad (5\text{-}11)$$

用上述的向心力演示器也可以显示出来质量和线速度一定时，所需向心力与运动半径成反比。

(2) 向心加速度

做圆周运动的物体，在向心力的作用下，必然产生一个加速度，根据牛顿第二定律，这个加速度的方向与向心力的方向相同，总是指向圆心，叫做**向心加速度**。

根据牛顿第二定律 $F=ma$，由式（5-10）和式（5-11）可得向心加速度 a 的大小为

$$a=r\omega^2 \qquad (5\text{-}12)$$

或

$$a=\dfrac{v^2}{r} \qquad (5\text{-}13)$$

对于某一个确定的匀速圆周运动来说，m 以及 r、v、ω 都是不变的，所以向心力和向心加速度的大小不变。匀速圆周运动是一种在变力作用下加速度变化的运动，是**非匀变速运动**。

(3) 应用

分析和解决匀速圆周运动的问题，重要的是把向心力的来源弄清楚。

[例 5-3] 在各种公路上拱形桥是常见的，质量为 m 的汽车在拱桥上以速度 v 前进，桥面的圆弧半径为 R，求汽车通过桥的最高点时对桥面的压力。

分析： 选汽车作为研究对象（图 5-17），汽车在竖直方向受两个力的作用：重力 G 和桥面的支持力 N。当汽车静止不动时，G 和 N 相互平衡，合力为零。当汽车在桥上运动经过最高点时，G 和 N 在一条直线上，它们的合力提供汽车做圆周运动所需的向心力 F，方向竖直向下，即 $F=G-N$。

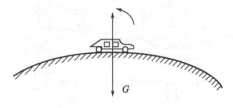

图 5-17 例 5-3 图

根据向心力公式，列方程不难求出桥对汽车的支持力。再根据牛顿第二定律求出汽车对桥面的压力。

解： 选汽车作为研究对象（见图 5-17），汽车在竖直方向受两个力的作用，即重力 G 和桥面的支持力 N。它们的合力充当汽车做圆周运动所需的向心力。

根据 $F=m\dfrac{v^2}{r}$ 可得

$$G-N=m\dfrac{v^2}{R}$$

由此解出桥对车的支持力 $N=G-m\dfrac{v^2}{R}$

汽车对桥的压力与桥对汽车的支持力是一对作用力和反作用力。由牛顿第三定律知，二者大小相等，方向相反。

由上式可以看出这个压力小于汽车的重力 G。

讨论：

1. 根据上面的分析可以看出，汽车行驶的速度越大，汽车对桥的压力越小。试分析一下，当汽车的速度不断增大时，会有什么现象发生呢？

2. 请你根据上面分析汽车通过凸形桥的思路，分析一下汽车通过凹形桥最低点时对桥的压力，这时的压力比汽车的重力大还是小？

[**例5-4**] 质量为25kg的小孩坐在秋千板上，秋千板离拴绳子的横梁2.5m。如果秋千板摆动经过最低位置时的速度3m/s，这时秋千板所受的压力是多大？（g 取 $10 m/s^2$）

分析： 小孩沿圆弧运动，在最低点时，孩子受到两个力的作用：竖直向下的重力和秋千板对孩子的支持力。这两个力在最低点作用在一条直线上，方向相反，二者的合力充当小孩做圆弧运动的向心力。根据向心力公式即可求出秋千板对小孩的支持力，再根据牛顿第三定律很容易的求出秋千板所受到的压力。

解： 小孩在最低位置时竖直方向受两个力的作用：竖直向下的重力 G 和秋千板对孩子的支持力 N。

它们的合力提供小孩做圆周运动所需的向心力。

$$N-G=m\dfrac{v^2}{R}$$

$$N=G-m\dfrac{v^2}{R}=mg+m\dfrac{v^2}{R}=25\times(10+3^2/2.5)=340(N)$$

由牛顿第三定律知小孩对秋千板的压力 $N'=340N$，方向向下。

观察实验

感受向心力

在一根结实的细绳的一端拴一个橡皮塞或其他小物体，抡动细绳，使小物体做圆周运动（见图5-18）。依次改变转动的角速度，半径和小物体的质量，体验一下手拉细绳的力（使小球运动的向心力），在下述几种情况下，大小有什么不同：

使橡皮塞的角速度 ω 增大或缩小，向心力是变大，还是变小；改变半径 R，尽量使角速度保持不变，向心力怎样变化；换个橡皮塞，即改变橡皮塞的质量 m，而保持

半径 R 和角速度 ω 不变，向心力又怎样变化。做这个实验的时候，要注意不要让做圆周运动的橡皮塞甩出去，碰到人或其他物体。

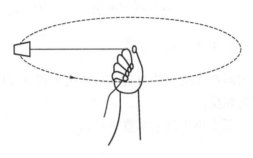

图 5-18　圆周运动实验

问题与练习

1. 按照运动性质分类，匀速圆周运动属于下列哪一类（　　）。
A. 惯性运动　　　　　　B. 匀变速运动
C. 非匀变速运动　　　　D. 以上三种说法都不对

2. 在匀速圆周运动中下列哪个物理量在改变（　　）。
A. 线速度　　　　　　　B. 向心加速度
C. 向心力　　　　　　　D. 上述三个矢量都在改变

3. 一个质量为 3kg 的物体在半径为 2m 的圆周上以 4m/s 的速度做匀速圆周运动，向心加速度是多大？所需向心力是多大？

4. 从 $a = r\omega^2$ 看，好像 a 跟 r 成正比；从 $a = \dfrac{v^2}{r}$ 看，好像 a 跟 r 成反比。如果有人问你"向心加速度的大小跟半径成正比还是反比？"应该怎样回答？

5. 质量为 800kg 的小汽车驶过一个半径为 50m 的圆形拱桥，到达桥顶时的速度为 5m/s，求此时汽车对桥的压力。

5.5　万有引力定律

人类曾经长期错误地认为地球是宇宙的中心，日、月、星辰都是围绕着地球旋转的。直到1542年波兰科学家哥白尼提出了行星是围绕太阳旋转的，1609年德国天文学家开普勒通过观测证实了哥白尼的学说。在长期的生产实践中，人们终于认识到，行星绕太阳运行的轨道与圆轨道近似，可以认为行星是以太阳为圆心做匀速圆周运动。

行星做匀速圆周运动的向心力是由什么力来提供的呢？

(1) 万有引力定律

牛顿在前人研究的基础上,凭借他超凡的数学能力证明了:如果太阳和行星间的引力与距离的二次方成反比,则行星的轨迹是椭圆,并且在 1687 年发表了**万有引力定律**。

自然界中任何两个物体都是相互吸引的,引力的大小跟这两个物体的质量的乘积成正比,跟它们的距离的二次方成反比。

如果用 m_1 和 m_2 来表示两个物体的质量,用 r 表示它们之间的距离,用 F 表示它们相互间的引力,那么,万有引力定律可以表示为

$$F = G\frac{m_1 m_2}{r^2} \tag{5-14}$$

上式中 G 称为**万有引力恒量**。如果质量的单位用 kg,距离的单位用 m,力的单位用 N 表示,则测定的 G 值为 $6.67 \times 10^{-11} \text{N} \cdot \text{m}^2/\text{kg}^2$。

根据万有引力定律,两个质量都是 1kg 的物体相距 1m 时的相互作用力仅为 6.67×10^{-11} N。通常,地面上两个物体之间的万有引力是微不足道的,在分析问题时可不予考虑。但是,在天体之间,天体的质量特别巨大,万有引力起着决定性的作用。

万有引力定律的发现是 17 世纪自然科学最伟大的成就。它把地球上的物体与天体之间运动的规律统一起来,第一次揭示了自然界中一种基本相互作用的规律。万有引力定律的发现,在人类文化发展史上也有重要的意义。它破除了人们对天体运动的神秘感,表明了人类有智慧、有能力揭示天体运动的规律,对科学文化的发展起到了极大的推动作用。

[**例 5-5**] 利用月球绕地球的旋转周期 $T = 2.36 \times 10^6$ s 和月地平均距离 $R = 3.84 \times 10^6$ m 计算地球的质量 M。

解:地球对月球的万有引力提供月球绕地球旋转所需要的向心力,

根据万有引力定律有 $G\dfrac{Mm}{R^2} = \dfrac{mR 4\pi^2}{T^2}$

所以 $M = \dfrac{4\pi^2 R^3}{GT^2}$

$= 4 \times 3.14^2 \times (3.84 \times 10^8)^3 / [6.67 \times 10^{-11} \times (2.36 \times 10^6)^2]$

$\approx 5.99 \times 10^{24} \text{(kg)}$

讨论:只有知道常量 G,才可能做出上面的计算。英国的卡文边许在 1789 年,即在牛顿发现万有引力定律一百多年以后,首先用扭称装置第一个在实验室里比较准确地测出了 G 值,因而被称为第一个称量了地球的人,利用这种方法也可以计算出太阳的质量。

想一想,怎样根据地球表面的重力加速度求得地球的质量?

(2) 人造地球卫星

地球对周围的物体有引力的作用,因而抛出的物体要落回地面。但是,抛出的初

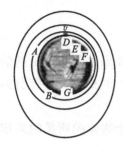

图 5-19 牛顿所绘人造卫星原理图

速度越大，物体就会飞得越远。牛顿在思考万有引力定律时就曾设想过，从高山上用不同的水平速度抛出物体，速度一次比一次大，落地点也就一次比一次离山脚远。如果没有空气阻力，当速度足够大时，物体就永远不会落到地面上来，它将围绕地球旋转，成为一颗绕地球运动的人造地球卫星，简称人造卫星。图 5-19 是牛顿著作中所绘的一幅人造卫星的原理图。

人造卫星围绕地球转动时的速度究竟有多大呢？

下面我们来计算一下，人造卫星沿圆形轨道绕地球运动时的速度。设地球和卫星的质量分别为 M 和 m，卫星到地心的距离为 r，卫星运动的速度为 v。由于卫星运动所需的向心力是由万有引力提供的，所以

$$G\frac{Mm}{r^2}=m\frac{v^2}{r}$$

由此解出

$$v=\sqrt{\frac{GM}{r}}$$

从上式可以看出，卫星距地心越远，它运行的速度越慢。虽然距地面高的卫星运行速度比靠近地面的卫星运行速度要小，但是向高轨道发射卫星却比向低轨道发射卫星要困难，因为向高轨道发射卫星，火箭要克服地球对它的引力做更多的功。

对于靠近地面运行的人造卫星，可以认为此时的 r 近似等于地球的半径 R，在上式中把 r 用地球的半径 R 代入，可以求出

$$v=\sqrt{\frac{GM}{r}}=(6.67\times10^{-11}\times5.98\times10^{24}/6.37\times10^6)^{1/2}\,\text{m/s}$$
$$\approx7.9\times10^3\,\text{m/s}=7.9\,\text{km/s}$$

7.9 km/s 就是人造卫星在地面附近绕地球做匀速圆周运动所必须具有的速度，叫做**第一宇宙速度**，又称为**环绕速度**。

如果人造卫星进入地面附近的轨道速度大于 7.9 km/s，而小于 11.2 km/s，它绕地球运动的轨迹就不是圆形，而是椭圆（见图 5-20）。当物体的速度等于或大于 11.2 km/s 时，卫星就会脱离地球的引力，不再绕地球运行。我们把这个速度叫做**第二宇宙速度**，又称为**逃逸速度**。

达到第二宇宙速度的物体还受到太阳的引力。要想使物体挣脱太阳引力的束缚，飞到太阳系以外的宇宙空间去，必须使它的速度等于或者大于 16.7 km/s，这个速度叫**做第三宇宙速度**。

1957 年 10 月 4 日，苏联把第一颗人造地球卫星成功地送上了太空轨道，开创了空间科学的新纪元。随后，1958 年 1 月 31 日，美国也成功地发射了一颗人造卫星。1970 年 4 月 24 日我国首次发射了"东方红 1 号"人造卫星。迄今我国已

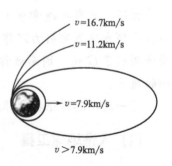

图 5-20 三种宇宙速度

向太空发射了 40 多颗各种用途的人造卫星。2016 年 10 月 17 日我国"神州 11 号"载人航天飞船成功发射和返回，标志着我国现代航天技术已经走在世界前列。

> **物理万花筒**
>
> ### 牛顿和万有引力定律
>
> 　　1642 年是物理学史上值得纪念的年份。伽利略在那年与世长辞，而经典力学的创建者牛顿诞生了。牛顿可以说是集前人之大成，他在开普勒、伽利略、惠更斯等人的工作基础上，将互不联系的力学知识用数学方法把它们的相互关系用简练的表达式，加以阐明，从而建立起经典力学。
>
> 　　在古代和中世纪，引力被认为是位置的一种性质。亚里士多德认为宁宙中的万物都有它的指定的位直，一旦脱离原位，就要回复回去。例如石头落地，是因为要回到原来在宇宙中心的位直，而宇宙中心恰好与地球中心一致。哥白尼为了解释地球沿着太阳运转的现象，撇开了地球中心就是宇宙中心的假设。他设想：太阳、月亮和各个行星都有自己的引力体系，在地球上空的一块石头会落向它最近的引力体系。1659 年惠更斯在研究摆的摆动时，虽然已经发现保持物体做圆周运动需要向心力，但在行星的运动问题上没有看到引力的作用。他认为是"以太的作用，以太环绕地球中心，力图离开中心，并迫使那些不参与它的运动的物体各自保持在原来位置上。"到伽利略提出惯性概念时，他已经意识到约束行星沿闭合轨道运动必须要有力的作用，但对这个力的性质有待于进一步研究。
>
> 　　从牛顿的一份手稿来看，他已经把重力问题引向空间。手稿中说："就在这一年，我开始想到把重力引到月球的轨道上，并且在弄清怎样估计圆形物在球体中旋转时压于球面的力量之后，我就从开普勒关于行星公转的周期的平方与其轨道半径的立方成比例的定律中，推得推动行星在轨道上运行的力量必定和它们到旋转中心的距离的平方成反比例。于是我把推动月球在轨道上运行的力和地面上的重力加以比较，发现它们差不多密合。"这是牛顿在 1665～1666 年间想到的问题，可是牛顿迟迟不发表有关引力理论。可能是他使用的地球大小的数据不精确，于是得出的推动月球在轨道上运行的力和重力不符；也可能是在计算时遇到许多困难。因为讨论行星和太阳时相距的距离大，天体都可看作是质点。月球和地球之间距离没有那么大，就不能简单地把它们当作质点。还有以苹果的大小和它对地球的距离相比，地球是巨大无比的，要计算地球各部分对苹果的引力总和是很困难的。由于哈雷向牛顿求教有关彗星运动问题，促使牛顿重新考虑引力理论。
>
> 　　1685 年牛顿证明：一个由具有引力的物质组成的球吸引它体外的物体时，和所有质量都集中在中心时一样。从理论上允许把太阳、月球、地球当作一个个质点，使问题大大简化。突破这一障碍后，牛顿把天体间的力和地球吸引物体坠落的力联系起来，重新回到重力和月球的老问题上来。他采用了有关地球的新数据，证明地面上物体的坠落和月球沿闭合轨道运行是出于同一原因，并把这一结论推广到所有的行星运动中去，提出了著名的万有引力定律。

问题与练习

1. 既然任何物体间都存在着引力，为什么当两个人接近时它们不吸在一起？

2. 两艘轮船，质量分别是 5×10^7 kg 和 1×10^8 kg，相距 10km，求它们之间的引力，将这个力与它们所受的重力相比较，看看相差多少倍。

3. 已知在轨道上运转的某一人造地球卫星，运转周期为 5.6×10^3 kg，轨道半径为 6.8×10^3 km。试估算地球的质量。

4. 海王星的质量是地球的 17 倍，它的半径是地球的 4 倍。绕海王星表面做圆周运动的宇宙飞船，其运动速度有多大？

5. 应用通信卫星，可以实现全球的无线电通信和电视转播。这种卫星位于赤道上方，相对于地面不动，它的周期与地球自转周期相同，叫做同步卫星。现在各国竞相发射的同步卫星已近 200 颗。试计算同步卫星的周期及其离地高度。

本章小结

一、知识要点

1. 一个物体在什么条件下做直线运动，什么条件下做曲线运动？

2. 什么叫运动的合成？什么叫运动的分解？怎样进行运动的合成和分解？

3. 平抛运动可以看成哪两个运动的合运动？运动规律是怎样的？

4. 什么叫匀速圆周运动？描述匀速圆周运动快慢的物理量有哪些？它们的含义各是什么？它们之间有什么关系？

5. 为什么做匀速圆周运动的物体需要一个向心力？向心力的作用是什么？向心力的大小跟哪些因素有关系？

6. 什么叫离心运动？举出几个应用的实例。

7. 万有引力定律的内容是什么？写出它的数学表达式。

8. 怎样根据万有引力定律及行星或卫星的运动求太阳或行星的质量？

9. 人造地球卫星绕地球做匀速圆周运动的条件是什么？你能算出第一宇宙速度吗？

二、知识技能

1. 会利用运动迭加原理和平抛运动规律，解释相关现象和进行计算简单问题。

2. 能利用匀速圆周运动知识分析解释有关问题。

课后达标检测

1. 从高度 h 处，沿水平方向同时抛出物体甲和乙，它们的初速度之比 $v_甲 : v_乙 = 3 : 1$，那么，甲和乙落地时间之比为_____；落地时水平位移之比为_____。

2. 钟表上秒针、分针和时针的角速度之比 $\omega_1 : \omega_2 : \omega_3 = $_____。

3. 若人造卫星绕地球做匀速圆周运动，则离地面越近的卫星（　　）。

   A. 速度越大　　　　B. 角速度越大　　　　C. 向心加速度越大　　　　D. 周期越长

4. 有两颗人造卫星，它们的质量之比是 $m_1 : m_2 = 1 : 2$，运行速度之比是 $v_1 : v_2 = 1 : 2$。

   A. 它们周期之比 $T_1 : T_2 = $_____

   B. 它们轨道半径之比 $r_1 : r_2 = $_____

   C. 它们的向心加速度之比 $a_1 : a_2 = $_____

   D. 它们所受的向心力之比 $F_1 : F_2 = $_____

5. 在水平路上骑摩托车的人，遇到一个壕沟（见图 5-21），摩托车的速度至少要有多大，才能越过这个壕沟？（g 取 10m/s^2）

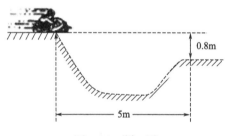

图 5-21　题 5 图

6. 一辆质量为 2×10^3 的汽车在水平公路上行驶，经过半径为 50m 的弯路时，如果车速 72km/h，这辆汽车会不会发生侧滑？已知轮胎与路面间的最大静摩擦力为 $1.4 \times 10^4 \text{N}$。

实验实训

实验一 用弹簧测力计测量力

一、实验目的

了解弹簧测力计的原理，会正确使用弹簧测力计测量力的大小。

二、实验器材

弹簧测力计 2 个，铁架台、钩码若干，头发。

三、实验步骤

1.观察弹簧测力计的量程是_____ N，分度值是_____ N，检查指针_____（选填"是"或"否"）指在零刻度处，若不在，应该调到零刻度处。

2.将弹簧测力计挂在铁架台上，竖直向下拉弹簧测力计的挂钩，使指针分别指到 1N、3N、5N 处，感受 1N、3N、5N 的力的大小。注意：拉力大小不能超过弹簧测力计的量程。

3.将钩码挂在弹簧测力计的挂钩上，分别测出 1 个、2 个钩码对弹簧测力计的拉力。正确读出测力计的示数并记录：$F_1=$_____，$F_1=$_____。

4.把一根头发拴在弹簧测力计上用力拉头发（用力均匀），读出头发拉断时拉力

大小 $F_3=$_____。

5. 用弹簧测力计沿水平方向拖动桌面上的文具袋，测量文具袋对弹簧测力计的拉力 $F_4=$_____。

6. 将两个弹簧测力计放在水平桌面上，互相勾挂在一起，两手分别向左右拉两个拉环，使拉力方向与弹簧测力计轴线近似在同一直线上，并使弹簧测力计的指针静止在某一位置。读出和记录两个测力计的示数 $F_5=$_____，$F_6=$_____。

四、操作提示

弹簧测力计是测量力的仪器，在使用时应按以下步骤测量。

1. 测量前

（1）认清弹簧测力计的量程和分度值，使用时测量的力不能超过弹簧测力计的量程，以免损坏测力计。

（2）检查指针是否指在零刻度处，若不在，应该调到零刻度处。

（3）使用前，最好用手轻轻地拉挂钩几次，防止指针、弹簧和外壳之间的摩擦而影响测量的准确性。

2. 测量时

（1）测量时，被测的力要施加在秤钩上，要使弹簧测力计的受力方向和弹簧的轴线方向一致。

（2）加在弹簧测力计上的力不许超过它的最大量程。

（3）读数时，指针相对于刻度盘要静止，视线必须与刻度盘垂直。

实验二　探究重力的大小与质量的关系

一、实验目的

探究重力的大小与质量的关系。

二、实验器材

弹簧测力计，铁架台，相同的钩码若干（质量已知）。

三、实验步骤

1. 提出问题

质量越大的物体，受到的重力越大。重力大小与质量的数量关系，会是怎么样的呢？

2. 猜想与假设

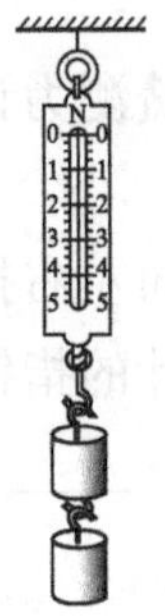

针对上述问题，提出你的猜想：_____。

3.设计实验

测出多个物体的质量和重力大小，然后进行比较，发现普遍规律。

4.进行实验

（1）检查所用的测力计指针是否指零？_____；若不指零，调零；观察并记录你所用弹簧测力计的量程为：_____，分度值为：_____。

图1 实验步骤4图

（2）将弹簧测力计悬挂在铁架台上，将一只钩码挂在弹簧测力计下方，如图1所示，注意使力沿弹簧测力计的轴线方向，指针不与刻度盘摩擦，待静止时读数，将测得数据填入表1。

（3）继续将2只、3只……钩码分别挂在弹簧测力计下端，读出每一次静止时弹簧测力计的示数，填入表1中。

表1

实验次数	质量 m/kg	重力 G/N	重力与质量的比值 g/N·kg^{-1}
1			
2			
3			
4			
5			
6			

（4）实验结束，整理器材。

5.分析数据

在图2中，以质量 m 为横坐标、重力 G 为纵坐标描点，连接这些点。

观察图像是不是过原点的一条直线，如果是，结合数学的正比例函数知识，可以说明：物体受到的重力与物体的质量成正比。

6.得出结论

分析实验数据可以看到：质量增大，重力也增大，而重力与质量的比值不变；这个比值大约等于10N/kg，物理学中，我们用 g 来表示重力与质量的比值。由于我们所用的弹簧测力计不够精确，还有不同程度的误差，科学家们经过大量实验表明，这个比值大约为9.8N/kg，即物体受到的重力与物体的质量成正比；表达式为：$G=mg$。

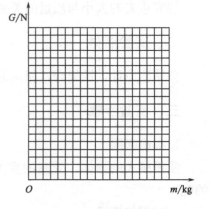

图2 实验步骤5图

实验三　探究影响滑动摩擦力大小的因素

一、实验目的

1. 能根据二力平衡的条件，用弹簧测力计粗略测量水平运动物体所受的滑动摩擦力；
2. 通过实验探究，了解改变滑动摩擦力大小的方法；
3. 经历研究滑动摩擦力的大小与哪些因素有关的实验过程，能表述滑动摩擦力的大小跟接触面所受的压力和接触面的粗糙程度的关系。

二、实验器材

弹簧测力计，长木板，棉布，毛巾，带钩长方体木块、钩码。

三、实验步骤

（一）研究滑动摩擦力大小与接触面粗糙程度和压力大小关系

1. 在水平桌面上铺上长木板，用弹簧测力计沿水平方向拉着木块在长木板上做匀速直线运动，记下测量示数。
2. 在木块上加不同数目的钩码，改变木块对木板的压力，再做上述实验。
3. 将棉布、毛巾分别铺在木板上，改变接触面的粗糙程度，重做上述实验。
4. 将实验数据记录在表2中。

表2　实验数据（1）

实验次数	接触面的材料	压力变化情况	弹簧测力计示数 F/N	摩擦力 $f_{摩}$/N
1	木块与木板	不变		
2	木块与棉布	不变		
3	木块与毛巾	不变		
4	木块上放1个钩码，再放到木板上	变大		
5	木块上放2个钩码，再放到木板上	最大		

5. 分析数据得出结论：在压力相同时，接触面越粗糙滑动摩擦力越大；在接触面的粗糙程度相同时，压力越大滑动摩擦力越大。

（二）研究滑动摩擦力大小与接触面积的关系

1. 在水平桌面上铺上长木板，将木块平放在木板上，用弹簧测力计沿水平方向拉着木块在长木板上做匀速直线运动，记下测量示数。
2. 将木块侧放在木板上，改变接触面积，重做上述实验。
3. 将木块立放在木板上，重做上述实验。

4. 将实验数据记录在表 3 中。

表 3　实验数据（2）

实验次数	木块放置方式	接触面积大小	弹簧测力计示数 F/N	摩擦力 $f_摩$/N
1	平放	大		
2	侧放	小		
3	立放	最小		

5. 分析数据得出结论：滑动摩擦力大小与接触面积大小无关。

（三）研究滑动摩擦力大小与速度大小的关系

1. 在水平桌面上铺上长木板，将木块平放在木板上，用弹簧测力计沿水平方向拉着木块在长木板上做匀速直线运动，记下测量示数。

2. 改变拉动木块做匀速直线运动的速度，重做上述实验。

3. 将实验数据记录在表 4 中。

表 4　实验数据（3）

实验次数	木块运动的速度	弹簧测力计示数 F/N	摩擦力 $f_摩$/N
1	大		
2	小		
3	最小		

4. 分析数据得出结论：滑动摩擦力大小与速度大小无关。

综合测试

一、选择题

1. 下列事例中，不属于弹性形变的是（　　）。
   A. 用手将充满气的气球按成凹形　　B. 人站在木板上把木板压弯
   C. 用锤子把铁块敲打成各种形状　　D. 撑杆跳高运动员撑杆起跳时把竹竿压弯

2. 两位同学使用弹簧拉力器比较臂力的大小，他们拉同一拉力器的三根弹簧，结果都将手臂撑直了，则（　　）。
   A. 手臂粗的同学用的臂力大　　B. 手臂长的同学用的臂力大
   C. 两同学用的臂力一样大　　D. 无法比较用的臂力大小

3. 图 1 所示的各力中，不属于弹力性质的力是（　　）。

图 1　题 3 图

   A. 运动员对杠铃的力　　B. 推土机对泥土的力
   C. 月亮对地球的力　　D. 大象对跷跷板的力

4. 关于弹力，下列说法错误的是（　　）。
   A. 只有相互接触并发生形变的物体间才存在弹力作用

B. 只有受弹簧作用的物体才受到弹力作用

C. 弹力是指发生弹性形变的物体,由于要恢复原状,对接触它的物体产生的力

D. 压力、支持力、拉力都属于弹力

5. 使用弹簧测力计时,下列注意事项中错误的是(   )。

A. 弹簧测力计必须竖直放置,不得倾斜

B. 使用前必须检查指针是否指在零刻度线上

C. 使用中,弹簧、指针、挂钩不能与外壳摩擦

D. 测量力的大小不能超出测量范围

6. 如图 2 所示,一同学实验时在弹簧测力计的两侧沿水平方向各加 6N 拉力。并使其保持静止,此时弹簧测力计的示数为(   )。

图 2　题 6 图

A. 0N   B. 3N
C. 6N   D. 12N

7. 如图 3 为火箭发射的情形。我们看见火箭离开发射塔飞向太空,同时看见火箭周围有大量的"白气"急速上升。下列表述中正确的是(   )。

图 3　题 7 图

A. 火箭和"白气"都上升,上升的物体不受重力

B. 火箭是固体受到重力,"白气"是气体不受重力

C. 火箭和"白气"都受重力

D. 不好确定

8. 下面关于重力说法中正确的是(   )。

A. 重力的方向是垂直向下的

B. 只有与地面接触的物体才受到重力的作用

C. 重力的方向是竖直向下

D. 苹果下落过程中速度越来越快是由于苹果受到的重力越来越大的缘故

9. 许多智能手机都有这样一个功能:你本来把手机竖着拿在手里的,你将它转 90°,将它横过来,它的页面就跟随你的动作自动反应过来,也就是说页面也转了 90°,极具人性化。这源于手机内部有一个重力感应器,它由一个重物和两个互相垂

直的对力敏感的传感器组成,用来判定水平方向。关于手机竖着放和横着放时,重力感应器中的重物,下列说法正确的是（　　）。

A. 重物受到重力的大小发生了变化　　B. 重物受到重力的方向发生了变化

C. 重物的重心发生了变化　　D. 重物对每个传感器的力发生了变化

10. 如果没有重力,下列说法中不正确的是（　　）。

A. 河水不再流动,再也看不见大瀑布

B. 人一跳起来就离开地面,再也回不来

C. 杯里的水将倒不进口里

D. 物体将失去质量

11. 如图4为刘洋在"天宫一号"中在同伴的帮助下骑自行车进行锻炼的情形,为了在完全失重的太空舱进行体育锻炼,下列做法可取的是（　　）。

图4　题11图

A. 举哑铃　　B. 在跑步机上跑步

C. 用弹簧拉力器健身　　D. 引体向上

12. 如图5所示,一根羽毛放置在长木片上,并保持静止状态。下列对羽毛受到重力的分析中错误的是（　　）。

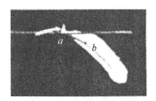

图5　题12图

A. 重力大小等于木片对它的支持力　　B. 重力方向是竖直向下的

C. 重心位置在羽毛上的 a 点　　D. 重心位置在羽毛上的 b 点

13. 如图6为"太空授课"中,航天员王亚萍展示的小球吊在细线上的情形。在这种环境中,以下哪个实验不能在地面一样正常进行（　　）。

A. 用弹簧测力计测物重　　B. 用放大镜看物体

C. 用平面镜改变光路　　D. 用刻度尺测长度

14. 某同学在用已校零的弹簧测力计测量一物体的重力时,误将弹簧测力计倒置,物体挂在了拉环上。当物体静止时,弹簧秤的示数如图7所示,则该物体的重力（　　）。

图6 题13图

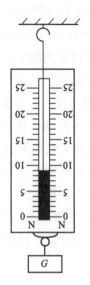

图7 题14图

A. 一定等于11N　　　　　　B. 一定等于9N
C. 一定小于9N　　　　　　D. 一定大于11N

15. 如图8是"研究滑动摩擦力与压力关系"的实验。在甲、乙两次实验中，用弹簧测力计沿水平方向拉木块，使木块在水平木板上做匀速直线运动。则下列说法正确的是（　　）。

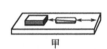

甲

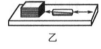

乙

图8 题15图

A. 图乙中的木块速度越大，滑动摩擦力越大
B. 图甲中的木块只受到拉力、滑动摩擦力等两个力
C. 图甲中弹簧测力计的示数等于滑动摩擦力的大小
D. 该实验得出的结论：物体间接触面的压力越大，滑动摩擦力越小

16. 教室的门关不紧，常被风吹开。小明在门与门框之间塞入硬纸片后，门就不易被风吹开了。下列解释合理是（　　）。

A. 门被风吹开是因为门没有受到摩擦力的作用
B. 门没被吹开是因为风吹门的力小于摩擦力
C. 塞入硬纸片是通过增大压力来增大摩擦
D. 塞入硬纸片是通过减小接触面的粗糙程度来减小摩擦

17. 分析下列各种摩擦：①走路时，鞋与地面之间的摩擦；②骑自行车时，车轮与轴之间的摩擦；③汽车行驶时，汽车与空气之间的摩擦；④皮带传动中，皮带与皮带轮之间的摩擦。其中属于有益摩擦的是（　　）。

A. ①和②　　　　　　　　　B. ②和③
C. ②和④　　　　　　　　　D. ①和④

18. "玉兔"号月球车成功实现落月，正在月球上进行科学探测。下列有关"玉兔"号月球车的说法中正确的是（　　）。

A. 月球车轮子的表面积较大,目的是为了减小运动时受到的摩擦力

B. 当月球车匀速运动时,受到的摩擦力和支持力是一对平衡力

C. 月球车登上月球后,它将失去惯性

D. 与在地球上相比,同样的路面上,月球车在月球表面上匀速前进时受到的摩擦阻力变小

19. 老师正在讲台上讲课,小明和同学们正在老师的指导下边学习边实验,这是物理课堂常见的情景。让你想象一下,如果教室里的摩擦力突然消失,对可能出现的现象,下列说法中错误的是(　　)。

A. 同学们稍微活动就会从椅子上纷纷滑到地面上

B. 固定吊灯的螺丝从天花板上滑出,致使吊灯落到地上

C. 写字时铅笔从手中滑出飘在空中

D. 由于太滑,稍一用力桌椅就会在地面上不停的滑动着

20. 小明观察图 9 的漫画,总结了四个观点,错误的是(　　)。

图 9　题 20 图

A. 甲图此刻人对箱子推力等于箱子受到的摩擦力

B. 乙图此刻箱子受到的摩擦力大于甲图此刻箱子受到的摩擦力

C. 丙图此刻人对箱子推力大于箱子受到的摩擦力

D. 丙图箱子在同一水平面上滑动时受到的摩擦力大小不变

21. 如图 10 所示,小华将弹簧测力计一端固定,另一端钩住长方体木块 A,木块下面是一长木板,实验时拉着长木板沿水平地面向左运动,读出弹簧测力计示数即可测出木块 A 所受摩擦力大小。在木板运动的过程中,以下说法正确的是(　　)。

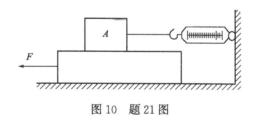

图 10　题 21 图

A. 木块 A 受到的是静摩擦力

B. 木块 A 相对于地面是运动的

C. 拉动速度变大时,弹簧测力计示数变大

D. 木块 A 所受摩擦力的方向向左

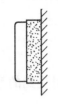

图 11 题 22 图

22. 教室里，带磁性的粉笔刷可吸在黑板上不掉下来。如图 11 所示，关于粉笔刷的受力情况，下列说法正确的是（   ）。

A. 粉笔刷所受磁力与粉笔刷所受重力是一对平衡力

B. 粉笔刷所受磁力与黑板对粉笔刷的支持力是一对相互作用力

C. 黑板对粉笔刷的摩擦力的方向竖直向上

D. 粉笔刷没有受到摩擦力作用

23. 用大小不变的水平力，拉木块在水平桌面上做匀速直线运动，如图 12 所示。木块在运动过程中，下列说法正确的是（   ）。

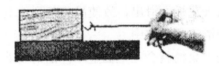

图 12 题 23 图

A. 木块对桌面的压力和木块受到的重力是一对平衡力

B. 绳对木块的拉力和木块对绳的拉力是一对平衡力

C. 绳对木块的拉力大于桌面对木块的摩擦力

D. 木块受到的滑动摩擦力大小保持不变

24. 关于惯性，下列说法中正确的是（   ）。

A. 静止的物体才有惯性　　　　　　B. 做匀速直线运动的物体才有惯性

C. 物体的运动方向改变时才有惯性　D. 物体在任何情况下都有惯性

25. 惯性现象是非常普遍的，下列事例中利用了惯性的是（   ）。

A. 小型客车驾驶员驾车行驶时必须使用安全带

B. 投掷铅球时运动员要先把铅球甩几圈再抛出去

C. 公路上行驶的汽车要按限速要求行驶

D. 公交车上一般都安装有供站立者使用的拉手

26. 惯性在日常生活和生产中有利有弊，下面四种现象有弊的是（   ）。

A. 锤头松了，把锤柄在地面上撞击几下，锤头就紧紧地套在锤柄上

B. 汽车刹车时，站在车内的人向前倾倒

C. 往锅炉内添煤时，不用把铲子送进炉灶内，煤就随着铲子运动的方向进入灶内

D. 拍打衣服可以去掉衣服上的尘土

27. 下面几种情形中属于有害摩擦的是（   ）。

A. 写字时笔和纸之间的摩擦

B. 走路是鞋子和地面之间的摩擦

C. 汽车车轮和地面之间的摩擦

D. 火车奔跑时，车厢的车轮和钢轨之间的摩擦

28. 如图 13 所示的四个实例中，目的是为了减小摩擦的是（   ）。

浴室脚垫做得凹凸不平　　轮滑鞋装有滑轮　　防滑地砖表面做得较粗糙　　旅游鞋底有凹凸的花纹
　　　A　　　　　　　　　　B　　　　　　　　　　C　　　　　　　　　　　D

图 13　题 28 图

29. 关于摩擦，下列说法正确的是（　　）。
A. 用钢笔写字时，钢笔与纸之间的摩擦力是滑动摩擦力
B. 在机器的转动部分装滚动轴承是为了增大摩擦力
C. 在站台上候车的旅客要站在安全线以外，是防止摩擦力过小带来危害
D. 鞋底刻有花纹，是为了增大接触面积从而增大摩擦力

30. 下面实例中属于滚动摩擦的是（　　）。
A. 黑板擦和黑板之间的摩擦　　　　B. 皮带和皮带轮之间的摩擦
C. 转笔刀和铅笔之间的摩擦　　　　D. 圆珠笔头和纸之间的摩擦

二、填空题

1. 运动员用网球拍击球时，球和网拍都变了形。这表明两点：一是力可以使物体的_____发生改变，二是力的作用是_____的。此外，网拍击球的结果，使球的运动方向和速度大小都发生了变化，表明力还可使物体的_____发生改变。

2. 奥巴马豪华座驾"野兽"曝光：美国总统奥巴马的座驾是一辆名副其实的超级防弹装甲车。长 5.48m，高 1.78m，车重达 6803kg。这里的车重指的是车的_____（选填"质量"或"重力"），如果可以用弹簧测力计测量，则其示数为_____（取 $g=10N/kg$）。

3. 据报道，目前嫦娥三号一切准备就绪，只待发射。嫦娥二号携带国产"玉兔号"月球车已顺利落月，正在进行预订的各项科学探测任务。月球车设计质量为 140kg。当它到月球上，用天平称它的示数为_____kg，用弹簧测力计称重时它的示数与地球相比将_____（选填"不变""变大"或"变小"）。

4. 正在平直路面上匀速行驶的一辆汽车，受到的阻力为 1000N，汽车行驶 1km 牵引力做了_____J 的功；若将汽车发动机关闭，则汽车的机械能将_____。

5. 暴风雨来临前，狂风把小树吹弯了腰，狂风具有_____能，被吹弯了腰的小树具有_____能。

6. 皮球从某一高度释放，落地后反弹上升，上升的最大高度比释放时的高度低一些，皮球上升的过程重力势能_____，皮球在整个运动过程中的机械能_____（选填"增加"、"减少"或"不变"）。

7. 质量为 40kg 的某同学，在体育课上用 12s 的时间匀速爬到了一个竖直长杆的

127

3m处，则在这段时间内该同学做的功为_____ J，功率为_____ W。（取 $g=10$N/kg）

8. 拉弓射箭的过程中，箭被射出时，弓的_____能转化为箭的_____能。人坐在弹簧沙发上时，沙发会下陷，是因为人的_____能转化为弹簧的_____能。

9. 甲、乙两辆拖拉机的功率相等，沿不同的路面运动，如果在相同的时间内通过的路程之比为4∶3，那么，两辆拖拉机完成功的比是_____，甲、乙两车的牵引力之比为_____。

10. 目前市场上销售的大桶水容积大多是19L，小强同学为班级的饮水机换水时，他从地面匀速提起一桶水放到1m高的饮水机上（水桶质量不计）。则桶中水的质量是_____，小强同学所做的功是_____。（g 取 10N/kg）

11. 重力为400N的某学生站在静止的电梯里受到_____和_____，它们的施力物体分别是_____和_____，该同学受到电梯地板对他向上的作用力等于_____。

12. 用球拍击球时，如果以球为研究对象，施力物体是_____，受力物体是_____。

13. 如图14所示，水平传送带正将大米从车间运送到粮仓。重500N的一袋大米静止放到传送带上，米袋先在传送带上滑动，稍后与传送带一起匀速运动，米袋滑动时受到的摩擦力大小是重力的0.5倍。米袋在滑动时受到的摩擦力方向向_____，随传送带一起匀速运动时受到的摩擦力大小为_____N。

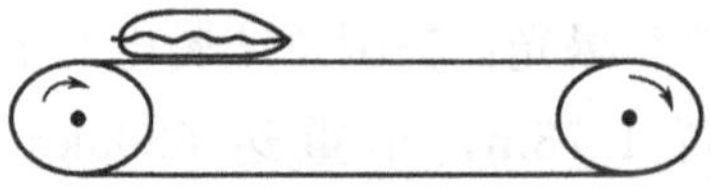

图14 题13图

14. 如图15所示，给水平桌面上铺上粗糙不同的物体（毛巾、棉布、木板），让小车自斜面顶端从静止开始自由滑下。观察小车从同一高度滑下后，小车_____表面速度减小的最慢；伽利略对类似实验进行分析，并进一步通过_____得出：如果表面绝对光滑，物体将以恒定不变的速度永远运动下去。后来英国科学家牛顿总结了伽利略等人的研究成果，概括出了揭示_____关系的牛顿第一定律。

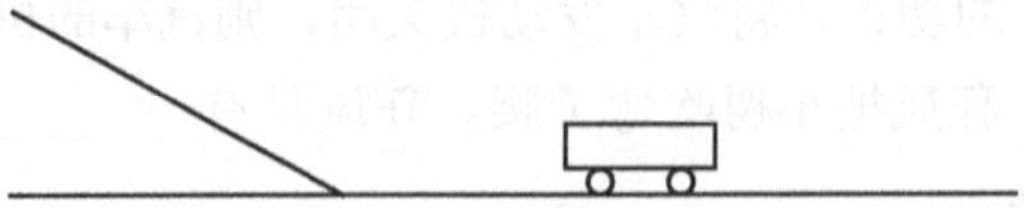

图15 题14图

15. 小强在立定跳远起跳时，用力向后蹬地，就能获得向前的力，这是因为物体间力的作用是_____的。离开地面后，由于_____，他在空中还能继续向前运动。

16.交通法规定，乘坐汽车时，乘客必须系好安全带。这是主要防止汽车突然减速，乘客由于＿＿＿＿＿＿，身体向前倾倒而造成伤害。假如正在行驶的汽车所受的力全部消失，汽车将会处于＿＿＿＿＿＿状态。（选填"静止""匀速运动""加速运动"或"减速运动"）

17.小强在立定跳远起跳时，用力向后蹬地，就能获得向前的力，这是因为物体间力的作用是＿＿＿＿＿＿的。离开地面后，由于＿＿＿＿＿＿，他在空中还能继续向前运动。

18.交通法规定，乘坐汽车时，乘客必须系好安全带。这是主要防止汽车突然减速，乘客由于＿＿＿＿＿＿，身体向前倾倒而造成伤害。假如正在行驶的汽车所受的力全部消失，汽车将会处于＿＿＿＿＿＿状态。（选填"静止""匀速运动""加速运动"或"减速运动"）

19.一辆匀速运动的汽车，向右急转弯时，坐在汽车座位上的乘客会感到向＿＿＿＿＿＿倒，这是因为乘客和汽车在未转弯时处于＿＿＿＿＿＿，汽车向右急转弯，乘客的脚和下半身随车向右转弯。而乘客的上半身由于＿＿＿＿＿＿，还保持原来的运动状态，所以乘客会感觉向＿＿＿＿＿＿倒。

20.一辆汽车质量为 10^3 kg，刹车时速度为 15m/s，刹车过程中所受阻力为 6×10^3 N，则汽车经过＿＿＿＿＿＿ s 才能停下来。

三、作图题

1.一个物体受到与水平方向成 30°角向右上方的拉力，大小为 300N。画出这个拉力的示意图。

2.画出图 16 中静止在水平桌面上的物体 A 所受重力及支持力的示意图。

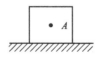

图 16　题 2 图

3.如图 17 中挂在竖直墙上质量为 2kg 的球受到细绳的拉力为 15N，请你用力的示意图表示球受到的重力和拉力。

图 17　题 3 图

四、实验题

1. 小伟要探究"滑动摩擦力的大小与什么因素有关",他猜想影响滑动摩擦力大小的因素可能有接触面所受的压力大小、接触面的粗糙程度、接触面积的大小。

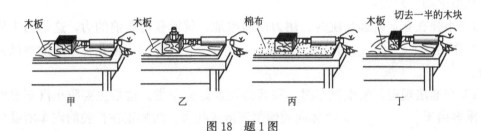

图 18 题 1 图

接下来小伟通过图 18 所示实验操作验证他的猜想:

(1) 实验中小伟应该用弹簧测力计水平_____拉动木块在长木板上滑动,这样做是根据_____的知识得出拉力等于摩擦力,从而测出木块所受的摩擦力的大小。

(2) 如果小伟要探究猜想接触面的粗糙程度,他应该选择_____两幅图所示的实验步骤来操作,根据图中弹簧测力计的示数可得出结论:在其他因素相同的情况下,_____,滑动摩擦力越大。

(3) 小伟要探究猜想接触面积的大小,他将木块切去一半,重复甲的操作过程。他比较甲和丁的实验结果,得出结论:滑动摩擦力的大小与接触面积的大小有关。你认为他的结论可靠吗?答:_____。小伟在实验中存在的问题是_____。

2. 在"探究运动和力的关系"实验中,让小车每次从斜面的同一高度处由静止滑下,滑到铺有粗糙程度不同的毛巾、棉布、木板的平面上,小车在不同的水平面上运动的距离如图 19 所示。问:

图 19 题 2 图

(1) 让小车每次从斜面的同一高度处由静止滑下的目的是什么?

(2) 通过分析可知:平面越光滑,小车受到的阻力就越_____,小车前进的距离就越_____。

(3) 根据实验结果推理可得:若接触面完全光滑,即水平方向不受外力作用,轨道足够长,小车将一直做_____运动。可见,力不是使物体运动的原因,力是改变物体_____的原因。

3. 小明观察发现,弹簧测力计的刻度是均匀的,由此他猜想弹簧的伸长量与它受到拉力成正比。为了验证猜想，小明决定进行实验。

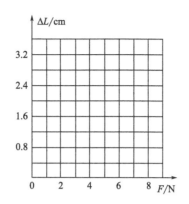

图 20　题 3 图

（1）要完成实验，除了需要如图 20 中所示的一根两头带钩的弹簧、若干相同的钩码（每个钩码质量已知）、铁架台以外，还需要的测量仪器是_____。进行实验后小明记录数据如下表，表中数据明显错误的是第_____次实验。

实验次数	1	2	3	4	5	6	7
拉力(钩码总量)F/N	0	1	2	3	4	5	6
弹簧伸长量 ΔL/cm	0	0.40	0.80	1.70	1.60	2.00	2.40

（2）去除错误的一组数据，在图 20 中作出弹簧伸长量与所受拉力的关系曲线。

（3）由图像可验证小明的猜想是_____的（填"正确"或"错误"）。

（4）小华认为实验中可以用弹簧测力计代替钩码。他的做法是：用弹簧测力计挂钩勾住弹簧下端向下拉来改变力的大小，力的数值由弹簧测力计读出，你认为用弹簧测力计好，还是用钩码更好一些？答：_____；理由是：_____。

参考文献

[1] 曲梅丽.物理学.北京：化学工业出版社，2011.
[2] 胡英.物理化学.北京：高等教育出版社，2007.
[3] 范力茹.物理学基础.北京：国防工业出版社，2009.
[4] 赵建彬.物理学.北京：机械工业出版社，2006.
[5] 蔡保平.普通物理学.北京：化学工业出版社，2006.
[6] 李洄伯.物理学.北京：高等教育出版社，2005.